BIOÉTICA

Dados Internacionais de Catalogação na Publicação (CIP)
(Câmara Brasileira do Livro, SP, Brasil)

Moser, Antônio
  Bioética : do consenso ao bom-senso / Antônio Moser,
André Marcelo M. Soares. – 3. ed. Petrópolis, RJ : Vozes, 2019.

  ISBN 978-85-326-5984-2

  Bibliografia.

  1. Bioética 2. Biotecnologia 3. Pesquisa I. Soares,
André Marcelo M. II. Título

05-9370   CDD-174.957

Índices para catálogo sistemático:
1. Bioética   174.957

ANTÔNIO MOSER
ANDRÉ MARCELO M. SOARES

BIOÉTICA

Do consenso
ao bom-senso

EDITORA
VOZES

Petrópolis

© 2006, 2019, Editora Vozes Ltda.
Rua Frei Luís, 100
25689-900 Petrópolis, RJ
www.vozes.com.br
Brasil

Todos os direitos reservados. Nenhuma parte desta obra poderá ser
reproduzida ou transmitida por qualquer forma e/ou quaisquer meios
(eletrônico ou mecânico, incluindo fotocópia e gravação)
ou arquivada em qualquer sistema ou banco de dados
sem permissão escrita da editora.

CONSELHO EDITORIAL

Diretor
Gilberto Gonçalves Garcia

Editores
Aline dos Santos Carneiro
Edrian Josué Pasini
Marilac Loraine Oleniki
Welder Lancieri Marchini

Conselheiros
Francisco Morás
Ludovico Garmus
Teobaldo Heidemann
Volney J. Berkenbrock

Secretário executivo
João Batista Kreuch

Diagramação: Sheilandre Desenv. Gráfico
Revisão gráfica: Fernando Sergio Olivetti da Rocha
Capa: Renan Rivero

ISBN 978-85-326-5984-2

Editado conforme o novo acordo ortográfico.

Este livro foi composto e impresso pela Editora Vozes Ltda.

Sumário

Apresentação à segunda edição, 7

Prefácio, 11

Introdução, 13

Primeira Parte: Fundamentos
André Marcelo M. Soares

I. Da ética hipocrática à bioética, 21

II. Bioética e ciência: entre a suspeita e a esperança, 32

III. Bioética e teologia: diálogo e impasses, 37

IV. Bioética cristã e diversidade moral, 41

Segunda Parte: Nova realidade requer novos enfoques
Antônio Moser

I. Genética: uma ciência que revoluciona a compreensão da vida, 55

II. Biotecnologia: a técnica que se volta para a vida, 62

III. No início da vida: interrogações e certezas, 67

IV. Laboratórios: na busca do produto perfeito, 72

V. Qualidade de vida: loteria genética ou produto empresarial?, 80

VI. Bioética em chave sociopolítica, 87

VII. Biotecnologia e biodiversidade: os riscos da padronização, 96

VIII. Diagnosticando males: a busca da cura definitiva, 108

IX. Anencefalia: como lidar com os imprevistos, 115
Antônio Moser e André Marcelo M. Soares

X. Terceira idade: colhendo flores entre espinhos, 120

XI. Drogas e reforço genético: fugindo dos limites da vida, 135

XII. Questões bioéticas relativas ao final da vida, 143
André Marcelo M. Soares e João Carlos de Pinho

XIII. Situações de risco e suicídio: assumindo o próprio destino, 150

XIV. Bioética: do consenso ao bom-senso, 156

XV. Para além dos genes: a metáfora do "Livro da vida", 162

Conclusão, 187

Referências, 189

Apresentação à segunda edição

Uma coleção de teologia, escrita por autores brasileiros, leva-nos a pensar a função do teólogo no seio da Igreja. Tal função só pode ser entendida como atitude daquele que busca entender a fé que professa, e, por isso, faz teologia. Esse teólogo assume, então, a postura de produzir um pensamento sobre determinados temas, estabelecendo um diálogo entre a realidade vivida e a teologia pensada ao longo da história, e se caracteriza por articular os temas relativos à fé e à vivência cristã, a partir de seu contexto. Exemplo claro desse diálogo, com situações concretas, são Agostinho ou Tomás de Aquino, que posteriormente tiveram muitas de suas teorias incorporadas à doutrina cristã-católica, mas que a princípio buscaram estabelecer um diálogo entre a fé e aquele determinado contexto histórico. Como conceber um teólogo que se limita a reproduzir as doutrinas pensadas ao longo da história? Longe de ser alguém arbitrário ou que assuma uma posição de déspota, o teólogo é aquele que dialoga com o mundo e com a tradição. Formando a tríade teólogo-tradição-mundo, encontramos um equilíbrio saudável que faz com que o teólogo ofereça subsídios para a fé cristã, ao mesmo tempo que é fruto do contexto eclesial em que vive.

Outra característica que o acompanha é a de ser filho da comunidade eclesial, e como tal deve fazer de seu ofício um serviço aos cristãos. Se consideramos que esses cristãos estão inseridos em realidades concretas, cada teólogo é desafiado a oferecer pistas, respostas ou perspectivas teológicas que auxiliem na construção da identidade cristã que nunca está fora de seu contexto, mas acontece justamente na relação dialógica com ele. Se o contexto é sempre novo, também a teologia se renova. Por isso o teólogo olha novos horizontes e desbrava novos caminhos a partir da experiência da fé.

O período do Concílio Vaticano II (1962-1965) consagrou novos ares à teologia europeia, influenciada pela *Nouvelle Théologie,* pelos movimentos bíblicos e litúrgicos, dentre outros. A teologia, em contexto de modernidade, apresentou sua contribuição aos processos conciliares, sobretudo na perspectiva do diálogo que ela própria estabelece com a modernidade, realidade latente no contexto europeu. A primavera teológica, marcada por expressiva produção intelectual e pelo contato com as várias dimensões humanas, sociais e eclesiais, também chega à América Latina. As conferências de Medellín (1968) e Puebla (1979) trazem a ressonância de vários teólogos latino-americanos que, diferente da teologia europeia, já não dialogam com a modernidade, mas com suas consequências, vistas principalmente no contexto socioeconômico. Desse diálogo surge a Teologia da Libertação e sua expressiva produção editorial. A Editora Vozes, nesse período, foi um canal privilegiado de publicações, e produziu a coleção *Teologia & Libertação* que reuniu grandes nomes na perspectiva da teologia com a realidade eclesial latino-americana. Também nesse período houve uma reformulação conceitual na *REB* (Revista Eclesiástica Brasileira), organizada pelo ITF (Instituto Teológico Franciscano), sendo impressa e distribuída pela Editora Vozes. Ela deixou de ser canal de formação eclesiástica para se tornar um meio de veiculação da produção teológica brasileira.

Embora muitos teólogos continuassem produzindo, nas décadas do final do século XX e início do XXI, o pensamento teológico deixou de ter a efervescência do pós-concílio. Vivemos um momento antitético da primavera conciliar, denominado por muitos teólogos como inverno teológico. Assumiu-se a teologia da repetição doutrinária como padrão teológico e os manuais históricos – muito úteis e necessários para a construção de um substrato teológico – que passaram a dominar o espaço editorial. Essa foi a expressão de uma geração de teólogos que assumiu a postura de não mais produzir teologia, mas a de reafirmar aspectos doutrinários da Igreja. O papado de Francisco marcou o início de um novo momento, chancelando a produção de teólogos como Pagola, Castillo, e em contexto latino-americano, Gustavo Gutiérrez. A teologia voltou a ser espaço de produção e muitos teólogos passaram a se sentir mais responsáveis por oferecerem ao público leitor um material consonante com esse momento.

Em 2004, o ITF, administrado pelos franciscanos da Província da Imaculada, outrora responsável pela coleção *Teologia & Libertação* e ainda responsável pela *REB*, organizou a coleção *Iniciação à Teologia*. O Brasil vivia a efervescência dos cursos de teologia para leigos, e a coleção tinha o objetivo de oferecer a esse perfil de leitor uma série de manuais que exploravam o que havia de basilar em cada área da teologia. A perspectiva era oferecer um substrato teológico aos leigos que buscavam o entendimento da fé. Agora, em 2019, passamos por uma reformulação dessa coleção. Além de visarmos um diálogo com os alunos de graduação em teologia, queremos que a coleção seja espaço para a produção teológica nacional. Teólogos renomados, que têm seus nomes marcados na história da teologia brasileira, dividem o espaço com a nova geração de teólogos, que também já mostraram sua capacidade intelectual e acadêmica. Todos eles têm em comum a característica de sintetizarem em seus manuais a produção teológica que é fruto do trabalho.

A coleção *Iniciação à Teologia*, em sua nova reformulação, conta com volumes que tratam das Escrituras, da Teologia Sistemática, Teologia Histórica e Teologia Prática. Os volumes que estavam presentes na primeira edição serão reeditados; alguns com reformulações trazidas por seus autores. Os títulos escritos por Alberto Beckhäuser e Antônio Moser, renomados autores em suas respectivas áreas, serão reeditados segundo os originais, visto que o conteúdo continua relevante. Novos títulos serão publicados à medida que forem finalizados. O objetivo é oferecermos manuais às disciplinas teológicas, escritos por autores nacionais. Essa parceria da Editora Vozes com os teólogos brasileiros é expressão dos novos tempos da teologia, que busca trazer o espírito primaveril para o ambiente de produção teológica, e, consequentemente, oferecermos um material de qualidade, para que estudantes de teologia, bem como teólogos e teólogas, busquem aporte para seu trabalho cotidiano.

Welder Lancieri Marchini
Editor teológico, Vozes
Organizador da coleção

Francisco Morás
Professor do ITF
Organizador da coleção

Prefácio

As decisões tomadas com base no desejo da maioria nem sempre são boas para todos. Da mesma forma o consenso democrático não é sinônimo de uma sociedade com bons parâmetros de organização. Esta lógica do consenso é muitas vezes trazida para o campo moral, e algo que é moralmente aceito pela maioria passa a ser considerado correto ou o padrão do comportamento. Esta é a perspectiva assumida pelos autores Antônio Moser e André Marcelo Soares, que, entre o consenso e a banalização dos critérios morais, assumem como perspectiva ética o bom-senso.

No contexto onde as mudanças tecnológicas se concretizam com celeridade, torna-se um risco assumir um consenso, uma regra que sirva para todas as situações. Novas circunstâncias pedem, muitas vezes, novos juízos. O discernimento passa a ser condição para a construção de um bom-senso, não mais asseado em formalismo, mas em um diálogo sincero com as circunstâncias apresentadas.

A obra de Moser e Soares mostra-se atual e contribui para o entendimento da bioética na perspectiva teológica à medida que mostra a importância do diálogo com as outras ciências, empenhando-se assim na tarefa de oferecer respostas e perspectivas para os cristãos (cf. GS 33). Complexos assuntos como genética, biotecnologia, pesquisas e intervenções laboratoriais e a comercialização dos avanços científicos são expostos em linguagem acessível sem, no entanto, perder a profundidade e reflexibilidade que lhes são necessárias.

A presente obra cumpre uma dupla função: trata-se de um livro que oferece ao aluno de teologia os temas básicos da bioética, tratados em perspectiva teológica. E para o leitor interessado em discussões acerca de temas polêmicos da bioética como clonagem, pesquisa com células-tronco ou inseminação artificial, que aqui encontrará uma reflexão honesta no sentido de dialogar com as várias situações ao mesmo tempo que se sustenta na tradição cristã. Em suma, encontrará a teologia do bom-senso.

Welder Lancieri Marchini
Editor teológico, Vozes
Organizador da coleção

Francisco Morás
Professor do ITF
Organizador da coleção

Introdução

Depois de setenta anos da denominada ditadura do proletariado, não apenas chegaram à independência numerosas nações que constituíam o antigo bloco comunista, como também a maioria delas optou pela democracia. Depois de décadas de ditaduras militares, até os países da América Latina passaram a decantar os benefícios da democracia. O mito dos benefícios da democracia é tão forte que há tentativas de impô-la, mesmo à custa de bombardeios e invasões violentas, como as que ocorreram no Afeganistão e no Iraque. Os ventos democráticos são tão fortes que hoje são cada vez menos os que ousam pensar em qualquer outro regime, seja em termos sociais, seja em termos religiosos. Ora, quem se refere à democracia logo pensa em consenso: as decisões seriam tomadas pelas maiorias. Com isto também se tende a transferir o mesmo princípio para o campo da moral: seria moral aquilo que a maioria acha que assim é. Bem lá no fundo sabe-se que muitos consensos são fruto de hábeis manipulações, sobretudo através da força da mídia. Mas nem com este conhecimento vem questionado o princípio de que também as normas morais deveriam ser fruto de consenso. Afinal, sempre se afirmou que a voz do povo é a voz de Deus. O problema consiste em saber de que povo e de que Deus se trata.

Não vem ao caso colocar aqui em questão os ganhos mesmo das democracias que não conseguem ultrapassar a barreira dos formalismos. Nem vem ao caso questionar aqui os modelos de democracia, que muitas vezes não passam de ditaduras resultantes do poder econômico. O que importa é questionar o pressuposto de que a validade da moral depende de uma espécie de plebiscito, que pode mudar os resultados de acordo com o sabor dos ventos. Este tipo de concepção moral remete para uma compreensão pobre não apenas de norma moral, mas até da ética que lhe é subjacente. Por isso mesmo, o primeiro passo a ser dado é o de resgatar o sentido primeiro da ética. Este sentido pode ser melhor visualizado dentro do contexto do berço da filosofia, elaborada pelos grandes pensadores do mundo grego. Para eles as normas tinham um papel importante na educação do povo. Mas a ética não podia ser confundida com as normas. As normas não passavam de uma espécie de condutores de água, enquanto a ética se identificava com a fonte. Ou seja: as normas, por mais importantes e sólidas que fossem, podiam e deviam ser reelaboradas, pois suas fórmulas nunca conseguiam traduzir a riqueza do *ethos*. *Ethos* lembra ninho, identidade, coerência, consciência profunda. *Ethos* remete para a profundidade maior dos seres humanos, lá onde eles se encontram com o divino.

Se assim é, nem a ética nem a bioética podem ser frutos de um consenso. Elas devem ser compreendidas como ciências que ajudam a desvendar a identidade profunda. Ainda que a bioética se tenha apresentado como pluridisciplinar e aberta ao diálogo desde sua origem na década de 1970, o que a caracteriza não é a preocupação com o consenso, mas a busca do *bom-senso*. Ao contrário do consenso, resultante de negociações, o *bom-senso* pode ser a expressão de buscas dolorosas da identidade profunda que se esconde por trás das culturas e das religiões. A verdadeira preocupação da bioética não é agradar gregos e troianos. A preocupação é lutar, honestamente e com todas as forças, para que nunca se perca de vista que, ao longo da história, já houve muitos consensos que se revelaram desastrosos.

Se ao longo da história esses desastres foram dolorosos, certamente serão ainda muito piores neste momento em que detemos conhecimentos e técnicas apenas imagináveis há poucas décadas. Os conhecimentos genéticos e as biotecnologias não apenas marcam uma virada sem precedentes numa linha científica e técnica, como marcam igualmente uma virada sem precedentes em termos de responsabilidades éticas. Hoje somos literalmente detentores de nosso presente e de nosso futuro. Se não se chegar ao bom-senso do respeito incondicional à vida em todas as suas manifestações, em todas as suas faces e em todas as suas fases, todo este saber e todo este poder se voltarão contra os seres humanos e contra todos os seres vivos. É a identidade mais profunda da vida que se encontra em jogo. Por isso mesmo, a busca do *bom-senso* torna-se uma tarefa árdua e empenhativa que deve envolver todas as ciências, todas as filosofias e todas as religiões.

Foi com esta preocupação de fundo, de ajudar a discernir a verdade num contexto onde costumam vigorar não apenas as leis do mercado, mas também dos supermercados, que os autores deste livro chegaram a um consenso. Consenso para dividir o livro em duas partes. Consenso de que, para facilitar a leitura e o estudo, os capítulos seriam bem breves. Consenso de que a primeira parte deveria ser de fundamentação e a segunda, de iluminação de alguns problemas mais candentes de bioética, para assim oferecermos um roteiro básico para quem está iniciando sua caminhada. Este consenso foi conquistado com muito estudo, muito diálogo e até muitos dissensos. Os dissensos são a maior garantia de que o que se busca não é a tranqüilidade resultante de espíritos medíocres, mas da inquietação de quem retoma continuamente o caminho na verdade, a qualquer custo. Pois é só a verdade que libertará nossa identidade profunda e garantirá nossa humanização. Enquanto o consenso pode ser expressão de um confortável comodismo, o *bom-senso* é sempre a expressão de uma conquista árdua, que implica a honestidade e a coragem de, se preciso for, nadar contra a corrente.

PRIMEIRA PARTE

Fundamentos

Os primeiros ensaios de bioética se deram na década de 1970. Seus fundadores nem poderiam imaginar que em pouco tempo ela iria ganhar espaço tanto em âmbito científico quanto até popular. Bioética tornou-se uma espécie de palavra de referência obrigatória, sempre que se trata de questões relacionadas com a vida e com a evolução biotecnológica. Entretanto, esta popularidade tem seu preço, isto é, o fato de se ter transformado num grande guarda-chuva debaixo do qual se abrigam todas as principais questões humanas de hoje. Se, há algumas décadas, todos os tratados convergiam para a psicologia e, depois, para as ciências sociais, agora tudo parece convergir para a genética e para a bioética. E ainda mais: não são poucos os que falam de bioética e, mesmo em seu nome, e que, no entanto, nem sequer conhecem seus fundamentos. Daí a importância de se apresentar, de maneira sistemática, os fundamentos da bioética, os quais apontam ao menos para três coordenadas: histórica, científica e dialógica.

A bioética não surgiu do nada, nem de um momento para outro. Ainda que ela tenha assumido características muito próprias, ela só será devidamente compreendida à luz de todo um processo histórico no qual os seres humanos foram buscando os fundamentos de sua própria humanidade. O processo histórico faz compreender que toda realidade se articula numa dupla dinâmica: em torno daquilo que evolui e em torno daquilo que permanece. Ou seja: sempre há uma evolução na continuidade. Daí a importância de resgatar as grandes intuições do passado. Mas, para se responder de maneira adequada às interpelações do tempo presente, não basta recorrer ao passado. É que o desenvolvimento da genética e das biotecnologias criaram uma realidade que apresenta aspectos bastante novos. Ora, esta nova realidade não pode ser apreendida apenas de maneira intuitiva. Ela deve ser analisada cientificamente. Não é sem razão que, já desde os séculos XVII e XVIII, insistiu-se sobre a racionalidade. Qual é a racionalidade que comanda os processos que estão gestando a realidade atual? Esta é exatamente a questão de fundo, que levou os pais da bioética a sentirem a necessidade de recorrer à interdisciplinaridade para apreender as questões e tentar elucidá-las, sempre com a preocupação de preservar a humanidade. A bioética só cumprirá sua vocação na medida em que conseguir que todas as ciências entrem num amplo e profundo diálogo, para que os avanços não sejam apenas técnicos, mas eminentemente humanos.

I
Da ética hipocrática à bioética

Desde a segunda metade do século XX, a humanidade passou a defrontar-se com uma série de dolorosos questionamentos morais suscitados pelos avanços alcançados na ciência. A capacidade humana de destruir a biosfera e de manipular as espécies, ou de intervir tecnologicamente em sua evolução e em sua própria constituição, indicavam um novo período no qual os valores e os princípios éticos clássicos passariam a ser relativizados em âmbitos diversos da ação humana. Isto não significava atestar a disfunção generalizada desses valores e princípios, mas a constatação de que já não era mais suficiente a aplicação de normas antigas aos novos casos. Foi neste contexto que surgiu a bioética.

A bioética passou a refletir a preocupação com a vida humana e com a dimensão moral das pesquisas científicas e das condutas médicas. Historicamente, foi a medicina que iniciou uma reflexão sobre as implicações morais da prática de seus profissionais. O primeiro testemunho disso pode ser encontrado no *Juramento de Hipócrates* (séc. III e IV a.C.) que, segundo alguns autores, é de origem discutível, pois não traduz a forma como a *Escola Hipocrática* entendia e praticava a medicina. Para estes autores, é provável que o Juramento tenha sua origem nas associações neopitagóricas, sobretudo pelo fato de conservar ainda uma concepção de *medicina sacerdotal*, ou seja, o conhecimento passava do mestre aos discípulos, sendo mantido em segredo entre seus praticantes.

1. A ética hipocrática

O *Juramento de Hipócrates* é constituído de duas partes fundamentais. A primeira apresenta as obrigações éticas do médico para com seus mestres e familiares. A segunda trata basicamente da sua relação com os doentes. Com o passar do tempo, a fim de tornar o Juramento mais próximo de cada realidade histórica, foram sendo inseridas adaptações, mas a sua essência permaneceu: em primeiro lugar, não fazer o mal (*primum non nocere*) e, na medida do possível, fazer o bem (*bonum facere*).

É curioso observar que formulações semelhantes às do Juramento podem ser encontradas em outras culturas. Na Índia do século I d.C. tornou-se famoso o Juramento de Iniciação (*Caraka Samhita*) e, entre os judeus, o *Juramento de Asaph*, provavelmente contextualizado entre os séculos III e IV d.C. No mundo árabe, a medicina se guiava por uma obra do século X d.C., intitulada *Conselho a um médico*. Na China, no início do século XVII d.C., o médico Chen Shih-Kung apresentou na obra *Os cinco mandamentos e as dez exigências* o que pode ser considerado como a melhor síntese da medicina chinesa. Em todos estes textos encontram-se quatro pontos em comum: não causar dano, proteger a vida humana, aliviar o sofrimento e favorecer um bom relacionamento entre médico e paciente.

Na Idade Média, a Igreja Católica, preocupada com as questões do início e do fim da vida, dirigiu também sua reflexão moral para o cultivo das virtudes entre aqueles que se dedicariam à medicina. Neste período, nasceu no mundo anglo-saxão o costume de concluir os estudos de medicina com a profissão do *Juramento de Hipócrates*.

No século XIX, o médico inglês Thomas Percival, conhecido como o pai da *ética médica*, apresentou numa obra de título prolixo[1] os principais elementos norteadores da conduta profissional em medicina. A obra de Percival importa-se muito mais com uma espécie de etiqueta médica, refletida na atitude de *gentleman*, do que com a problemática ética de fato. Nesse mesmo século, surgiram as primeiras associações médicas que, preocupadas com as questões de conduta profissional, estabeleceram os chamados *Códigos Deontológicos* que, tomando como base os valores hipocráticos, indicavam os preceitos que deveriam reger a prática médica.

Durante o século XX, após o período da Segunda Grande Guerra, a medicina é obrigada a repensar seu papel na comunidade mundial. A barbárie praticada nos campos de concentração impôs uma revisão da ética hipocrática para favorecer o respeito pela dignidade humana. Ficava claro, deste modo, que o papel do médico era o de proteger a vida, e isto se colocava acima de qualquer iniciativa de promover o avanço científico, ou de qualquer interesse político. Nesse mesmo século, outras áreas ligadas à saúde passaram a adotar um código deontológico, sendo um bom exemplo o da enfermagem.

2. A bioética de Potter

Ainda na segunda metade do século XX, em 1970, Van Rensselaer Potter, bioquímico norte-americano dedicado à investigação oncológica na Universidade de Wisconsin, em seu artigo *Bioethics, the Science of Survival* (Bioética, a ciência da sobrevivência), utiliza o termo *bioética*. No ano seguinte, Potter escreve a obra *Bioethics: Bridge to the Future* (Bioética: ponte para o futuro), cujo propósito primeiro era buscar uma saída para o progressivo desequilíbrio criado pelo homem na natureza.

---

1. O título completo da obra é: *Ética médica ou um código de instituições e preceitos adaptados à conduta profissional dos médicos e cirurgiões em prática hospitalar; em prática privada ou geral; em relação com os farmacêuticos e nos casos em que se deve requerer um conhecimento da lei.*

A intenção de Potter era desenvolver uma ética das relações vitais, dos seres humanos entre si e dos seres humanos com o ecossistema. O compromisso com a preservação da vida no planeta tornou-se, desta forma, o cerne de seu projeto, que possuía como característica principal o diálogo da *ciência* com as *humanidades*. De acordo com Potter, existem duas culturas que, aparentemente, não são capazes de se comunicar: a da *ciência* e a das *humanidades*. Esta deficiência transforma-se numa prisão e põe em risco o futuro da humanidade, que não será construído só pela *ciência* ou, exclusivamente, pelas *humanidades*. Somente através do diálogo entre *ciência* e *humanidades* será possível a construção de uma *ponte para o futuro*.

Nos anos da década de 1960 havia surgido nos Estados Unidos, no meio médico, a preocupação com o impacto social causado pelos avanços científicos e tecnológicos no tratamento de seus pacientes. Com o tempo, a complexidade das questões levantadas no diálogo entre os médicos e outros profissionais da saúde impôs a necessidade de ampliar o contexto dos debates para dar às *humanidades* (Ciências Humanas) a oportunidade de manifestar suas posições em relação aos temas discutidos pela sociedade de então. Foi justamente através do diálogo entre a *ciência* e as *humanidades* que Potter apresentou a bioética na forma de uma ética geral. Nesta perspectiva, o ginecologista e obstetra André Hellegers fundou, em 1971, na Universidade de Georgetown, o *Kennedy Institute* que, reunindo grandes nomes de diferentes áreas do saber, deu início aos debates sobre os avanços da genética, reprodução humana e fisiologia fetal.

As discussões relativas aos problemas mais globais não conseguiram ter o alcance que tiveram as referentes aos problemas clínicos. Isto ocorreu pela falta de desenvolvimento daquilo que Potter denominou de ética geral. Entre os vários fatores que impediram esse desenvolvimento encontra-se o fato de ele não ter conseguido institucionalizar o diálogo bioético, fundamentar adequadamente a bioética como uma disciplina e apresentar, de forma convincente, sua teoria explicativa da interação cibernética entre meio ambiente e adaptação cultural, na construção de um sistema de valores orientados para a sobrevivência da humanidade.

Nos anos posteriores à década de 1960, marcada pelo extraordinário crescimento industrial e econômico do Ocidente, que alguns não vacilam em qualificar de selvagem, surgem, na tentativa de responder aos vários questionamentos morais nascidos em contextos distintos da sociedade, as chamadas éticas aplicadas, tais como a ética ecológica e a ética empresarial, diferenciadas da ética geral. Esses contextos particulares foram, aos poucos, obrigando a bioética a abandonar o paradigma da ética geral, preconizado por Potter.

3. A bioética de Beauchamp e Childress

Inspirados no Relatório Belmont, iniciado em 1974 e publicado pelo governo norte-americano em 1978, com a finalidade de nortear as pesquisas com seres humanos, Tom L. Beauchamp e James F. Childress publicam juntos, em 1979, a obra *The Principles of Biomedical Ethics* (Os princípios da ética biomédica), que restringiria a bioética ao meio clínico e a tornaria conhecida pela alcunha de *bioética principialista*.

A intenção de Beauchamp e Childress era analisar as decisões clínicas sob a orientação de quatro princípios básicos, dois de ordem teleológica e outros dois de ordem deontológica. Os princípios de ordem teleológica (*beneficência* e *respeito à autonomia*) apontam para os fins aos quais os atos médicos devem estar orientados. Já os princípios de ordem deontológica (*não maleficência* e *justiça*) indicam os deveres que o médico devia assumir no cuidado com o paciente.

O princípio do *respeito à autonomia* indica que o médico deve atuar considerando a capacidade que tem o paciente de decidir e de entender as informações e prescrições médicas. O princípio da *beneficência*, embora tenha sido enquadrado como um princípio teleológico, refere-se à obrigação moral de agir em benefício de outros, o que não se confunde com a *benevolência*, virtude ligada à disposição de agir em benefício de outros. A primeira encontra-se no nível da finalidade do ato profissional, enquanto a segunda indica uma virtude do sujeito, que independe da atividade profissional exercida. O princípio da *não maleficência*, apresentado no *corpus hippocraticum* como *primum non nocere*, determina a obrigação de não infligir mal ou dano intencional, o que não significa, necessariamente, fazer o bem. O princípio da *justiça*, por sua vez, prioriza o direito à assistência médica, não como merecimento (o que é merecido por alguém segundo o entendimento de outrem), mas como prerrogativa (aquilo a que alguém tem direito independentemente do entendimento de outrem).

4. Os limites do *principialismo* bioético

Aos poucos, a obra de Beauchamp e Childress foi ganhando reconhecimento dentro e fora dos Estados Unidos, ao mesmo tempo em que começava a ser criticada e discutida por diversos estudiosos da bioética.

Diego Gracia, criador da *Escola de Pedagogia de Bioética Clínica* na Universidade Complutense e autor de duas obras didáticas nesta área (GRACIA, 1989; 1991), entendia que a não maleficência deveria anteceder a beneficência e que os princípios deveriam ser divididos em privados (respeito à autonomia e beneficência) e públicos (não maleficência e justiça). Em casos de conflitos morais, os princípios de ordem pública, isto é, aqueles que compreendem o bem da coletividade em primeiro plano, devem ter prioridade sobre os de ordem privada, aqueles princípios relacionados ao bem individual. Para outros especialistas, a maior dificuldade está no fato de que, em determinadas realidades sociais, os princípios acabam se afastando da sua compreensão originária. Observou-se também que a rigidez conceitual inerente ao *principialismo* não permitia levar em conta as peculiaridades dos contextos social, político, econômico e cultural de uma determinada sociedade.

De modo geral, as várias críticas realizadas ao trabalho de Beauchamp e Childress indicam que a provisoriedade, própria de toda resposta bioética, pode perder seu sentido diante do dogmatismo dos princípios.

A dificuldade inerente ao *principialismo*, discutida amplamente por diversos autores, permite levantar uma importante questão: *Quantas bioéticas existem?* Para respondê-la será necessário observar que as preocupações concretas e a especificidade dos contextos fizeram a bioética assumir, no decorrer dos anos, conceitos e métodos cada vez mais distintos. Por exemplo, em um país rico, alguns temas como clonagem humana não repercutem do mesmo modo como em países pobres, onde as pesquisas científicas recebem pouco ou nenhum investimento e os benefícios que elas podem trazer são desproporcionais aos gastos impostos à sociedade. Tratar de eutanásia num país rico certamente não será a mesma coisa que tratá-la em um país pobre, onde a maior parte da população, dependente do sistema público de saúde, morre antes de receber o atendimento médico básico.

A bioética deve ser compreendida no plural e nunca no singular. Para Engelhardt, o cenário atual indica que *a diversidade moral é real de fato e em princípio* (ENGELHARDT Jr., 1998: 21). Isso deve impor aos participantes do diálogo bioético uma conduta racional fundada na capacidade que os sujeitos têm de coordenar mútua e consensualmente as suas ações a partir de um entendimento intersubjetivo. Este consenso, numa perspectiva habermasiana, será considerado racional na medida em que existir uma aceitação comum das melhores razões, escolhidas para justificar enunciados e comportamentos (SOARES, 2002: 26).

5. A relação com a ética, a moral e a deontologia

Para muitos, a bioética é uma *nova ciência* que se confunde, pelas características de sua abordagem, com a ética, a moral e a deontologia. Embora haja uma aproximação teórica entre estas áreas, na prática elas operam distintamente. A ética (do grego *ethos*, modo de ser) é um conhecimento racional que, partindo da análise de comportamentos concretos, caracteriza-se pela preocupação em definir o que é bom. Já a moral (do latim *mores*, costumes) inclina-se ao problema do que fazer em cada situação concreta. Desta forma, podemos dizer que decidir e agir são problemas práticos e, portanto, morais. Investigar uma decisão e uma ação, a responsabilidade que lhes é inerente, o grau de liberdade e determinismo que nelas se encontram são problemas teóricos e, portanto, éticos. Também são problemas éticos a natureza e os fundamentos do comportamento moral, enquanto obrigatório e o da realização moral, enquanto empreendimento individual e coletivo. Embora os problemas teóricos e práticos se diferenciem, ética e moral não se excluem e não podem ser pensadas separadamente.

A deontologia (do grego *déon*, dever), por sua vez, é uma norma jurídica que regula o ato profissional, estabelece as condutas que devem ser adotadas e pune aquelas reprováveis. Já a bioética deve ser compreendida como um *conhecimento complexo*, isto é, um saber interdisciplinar, de natureza pragmática, orientado para a tomada de decisões na prática médica, nas novas situações decorrentes da evolução da ciência e da tecnologia e na condução das pesquisas científicas (SOARES & PIÑEIRO, 2002: 27-29). Em bioética, contrariamente ao que ocorre na ética, na moral e na deontologia, o bem é sempre pensado a partir de um sujeito particular, e nunca de forma abstrata ou coletivizada. A peculiaridade da situação de um paciente ou de um voluntário que se dispõe a colaborar com uma pesquisa científica deve ser, para a bioética, a base para questionar, à luz do grau de humanidade, de legitimidade e de legalidade inerentes à conduta do profissional da saúde, ou do pesquisador. A preocupação com o bem-estar do paciente ou do voluntário na pesquisa deve ser sempre prioritária para profissionais da saúde e cientistas, pois é justamente esta preocupação que impossibilita a transformação de um caso concreto num axioma universal e abstrato.

6. O reconhecimento dos direitos do paciente

Entre os profissionais da saúde, a mudança mais profunda trazida pela reflexão bioética se localiza no contexto da relação com o paciente, reconhecendo-o como agente moral autônomo. O paciente tem o direito de ser informado corretamente e de recusar o que lhe é proposto, se isso for incompatível com sua escala de valores (SOARES & PIÑEIRO, 2002: 33). O reconhecimento prático deste direito fundamental se choca, sobretudo, com a tradicional concepção hipocrática, na qual a relação médico-paciente, reconhecida como assimétrica, supunha a superioridade do conhecimento médico, que sabia o que melhor convinha ao paciente, cabendo a este somente obedecer às indicações e prescrições do seu médico.

O principal perigo que envolve o *princípio do respeito à autonomia* é o seu desequilíbrio em relação ao *princípio da beneficência*. É importante que o profissional respeite a autonomia de seu paciente, mas é igualmente importante que respeite também seu código de conduta profissional, entendendo que fazer o bem é uma *finalidade*. A compreensão do *princípio do respeito à autonomia* nem sempre é clara. Muitas vezes, a autonomia é entendida como a liberdade de fazer o que se quer. Essa forma de pensar, consagrada no mundo liberal, rompe não só com o pensamento kantiano, que fundamenta a autonomia num agir racional comum a todos os homens, mas, inclusive, com a própria tradição filosófica liberal, que encontra no Estado um mecanismo moderador das vontades. Neste sentido, afirma- se que a autonomia é poder escolher, entre as várias opções possíveis, a mais adequada numa situação concreta. Isso envolve, necessariamente, o respeito pela autonomia dos outros e pelas normas que norteiam a prática profissional do médico.

A preocupação com o respeito pela autonomia do paciente começou há pouco mais de vinte anos nos Estados Unidos. Nesse período apareceram as formas legais de resguardar o respeito pela vontade do paciente, que nem sempre podia manifestar-se. É daí que nasce o chamado *termo de consentimento informado e esclarecido*, que remete à seguinte questão moral: Até que ponto se pode afirmar que o paciente foi devidamente informado?

O *termo de consentimento informado e esclarecido* pode revelar na medicina atual, por exemplo, duas concepções opostas. A primeira inquieta-se com a responsabilidade médica mediante a aplicação de um critério de exigência rigoroso na prestação do serviço. A razão mais importante é a de proteger os pacientes e garantir o exercício de seus direitos, evitando que fiquem desprotegidos. A segunda considera que a eficácia técnica subordina qualquer preocupação moral. Para esta concepção, o mais importante é a perícia profissional e não o esclarecimento dado ao paciente. Neste caso, considerando a complexidade dos procedimentos clínicos, nem sempre é possível fazer o paciente entender que tudo será feito para o seu bem.

Respeitar a autonomia do paciente tornou-se questão crucial, que não pode ser reduzida a mero artigo no código deontológico.

A autonomia do paciente deve ser discutida já nos cursos de graduação dos profissionais da saúde, não tanto do ponto de vista jurídico, mas, sobretudo, numa perspectiva interdisciplinar. É necessário que esses profissionais entendam o *termo de consentimento informado e esclarecido* como expressão do respeito à autonomia do paciente e como elemento fundamental na sua conduta.

II
Bioética e ciência: entre a suspeita e a esperança

O surgimento da bioética na reflexão social, política e científica está profundamente ligado aos progressos alcançados, nas três últimas décadas, na medicina e na genética. Estes avanços científicos, expressos através de uma variedade de tecnologias, incidem cada vez mais sobre a vida diária de muitas pessoas. Essas tecnologias podem permitir melhor qualidade de vida, mas os riscos e as ameaças delas decorrentes podem passar despercebidos. Essa ambiguidade, situada entre a suspeita e a esperança, em lugar de suscitar interrogações sobre a finalidade e a responsabilidade das biotecnologias, acaba se desviando e produzindo muitas vezes uma tendência *maniqueísta*, na qual tudo o que procede da técnica é artificial e mau, e tudo o que não emana dela é natural e bom.

A capacidade técnica pertence à essência do ser humano. O homem não pode compreender a si mesmo sem a técnica, pois dela se serve, não tanto para se adaptar ao meio, mas para adaptar o meio às suas necessidades. Esta, aliás, é a finalidade antropológica da técnica. Mesmo concebida como produto da criatividade humana, a tecnologia acabou muitas vezes reduzindo a natureza a simples instrumento, legitimando o senhorio absoluto e arbitrário do homem. Isto remonta ao início da Modernidade. Daí brota a racionalidade instrumental, responsável por nossa sociedade de consumo.

É preciso negar a consistência de toda desqualificação moral das biotecnologias, o que não significa considerá-las humanizadoras e libertadoras em sua totalidade. Será necessário estabelecer limites éticos para o desenvolvimento tecnológico e manter viva a consciência da ambiguidade na qual ele se move e, em vista disso, é fundamental que a chamada biotecnologia seja acompanhada por projetos humanizadores. Em síntese, os avanços genéticos e biomédicos poderão contribuir ou não para o autêntico progresso da humanidade. Tudo dependerá do sentido e do valor que o homem puser neles.

1. A responsabilidade moral e social das biotecnologias

As consequências tecnológicas da ciência conferiram às atividades humanas um alcance e uma amplitude que nunca antes haviam atingido, de tal modo que, junto aos vastos efeitos benéficos das tecnociências, são manifestos os riscos de uma dimensão completamente nova e de variadas classes (acidentes ecológicos, conflitos nucleares, contaminações radioativas, clonagem de seres humanos, alimentos transgênicos, destruição de embriões, bioterrorismo etc.). Esta dimensão motivou, na reflexão bioética, a modificação do significado corrente do conceito de *responsabilidade*, entendido como culpabilidade ou imputabilidade, para alcançar um sentido mais amplo e originário.

A responsabilidade, como imperativo ético, exige, ao mesmo tempo, atenção aos experimentos do presente e sincera preocupação com as consequências futuras de nossas ações. No entanto, a responsabilidade em bioética não supõe somente a preservação e a transmissão do conhecimento herdado do passado; requer também uma boa dose de prudente abertura ao aperfeiçoamento da condição humana, possibilitado pela biotecnologia.

Graças à biotecnologia, os homens alcançaram um domínio sobre suas vidas como em nenhum outro momento da história.

Contudo, é preciso ressaltar também que, tanto na área da investigação básica como em sua aplicação tecnológica, há questões com que a humanidade deve preocupar-se e se comprometer. A ciência deve ser encarada, em primeiro lugar, como parceira da vida, e não sua rival. É com a vida humana, desde sua concepção, que a ciência deve preocupar-se.

Quando, por exemplo, os recursos são limitados, deve-se exigir que estejam a serviço, em primeiro lugar, das necessidades coletivas e, em segundo lugar, do desenvolvimento da tecnologia biomédica e genética que, em última instância, não favorece a muitas pessoas. Neste sentido, é fundamental deixar claro que, considerando a ordem das prioridades, os cuidados básicos com a saúde são sempre mais importantes, porque muitas vezes os avanços científicos e tecnológicos de ponta têm sido mais valorizados do que os meios ordinários de cuidado e atenção aos verdadeiros imperativos da saúde humana.

Aos que pensam ser a biotecnologia, através do melhoramento das espécies animais e vegetais, ou da produção de vacinas e medicamentos, a maior via de solução para os gravíssimos problemas dos países pobres, convém recordar que se corre o perigo de acentuar, precisamente com sua utilização, a já enorme dependência econômica, científica e tecnológica dos *países periféricos* em relação aos mais industrializados. Não devemos esquecer que há problemas humanos que merecem mais atenção e investimentos. Afinal, a maior carga de sofrimentos da humanidade não se deve às desordens genéticas, ou aos problemas de infertilidade, mas à miséria, à má administração dos recursos públicos de saúde e a uma série de enfermidades que, decorrentes da falta de saneamento básico, assolam porcentagens numerosas da população mundial. Se por um lado a biotecnologia nos permite medir nosso grau de civilização e desenvolvimento humano, por outro, nos ajuda a ver como têm fracassado alguns de nossos projetos e seus pretensos fins humanitários.

2. Análise sociológica do discurso científico

Em meio aos calorosos debates sobre novas descobertas da ciência, nem sempre é lembrado que a evolução científica é um fato social e, como tal, não pertence exclusivamente ao âmbito da ciência, mas a toda a sociedade. Por ser um fato social, cabe, na discussão sobre uma nova descoberta científica, uma variedade de posicionamentos, nem sempre compatíveis com o que a própria ciência pensa e espera.

Por estar numa sociedade concreta, com problemas políticos e econômicos bem-definidos, a ciência sofre os questionamentos dos grupos sociais que percebem a sociedade de um modo distinto. Estes grupos sociais, na sua constituição fundamental, possuem princípios morais, religiosos e políticos bem-definidos. Alguns deles, como os partidos políticos, têm uma atuação limitada ao contexto histórico-social; outros, uma tendência a transcender esse contexto, o que possibilita a tais grupos a formulação de um discurso permeado de categorias mais universais. De modo geral, as religiões, mesmo aquelas que não estão comprometidas com uma missão proselitista, enquadram-se neste último grupo. Neste sentido, sua concepção moral é facilmente explicada pela natureza de seu discurso mais universal e, por que não dizer, transcendente.

Na Modernidade, o Iluminismo lança as bases para uma moral secular que, percorrendo um caminho oposto ao da moral medieval, vincula a moralidade ao discurso e às práticas de uma razão pura. Aqui está presente a intenção de recriar, de modo imanente, uma unidade social fundada na universalidade da razão. Todavia, a Modernidade vai percebendo gradativamente a debilidade da sua crença em uma razão pura, desencarnada da realidade histórico-social. Na tentativa de corrigir esta concepção, a atenção se volta para a comunidade social, portadora de um espírito originado de uma consciência histórica e política. É justamente neste contexto que a razão científica e o seu papel devem ser analisados.

O discurso científico, assim como o discurso moral, é uma construção sociológica representativa. Em seu processo evolutivo, a ciência representa, em algum grau, os anseios e as esperanças da sociedade. Entretanto, é necessário observar que esta representatividade é sempre limitada aos condicionamentos histórico-sociais. Apesar de estar fundado numa epistemologia criteriosa e articular-se racionalmente, o discurso científico não se pode furtar aos questionamentos dirigidos pelos vários segmentos da sociedade.

A ciência tem um papel social que só se cumpre no momento em que ela percebe seu lugar na sociedade. A tendência da ciência moderna é extrapolar os próprios critérios da sua racionalidade. Isso nos faz perceber que a pretensão universalizante tem sido uma característica do discurso científico. Neste caso, será necessário evocar um novo critério para tornar este discurso mais próximo do contexto social. Este critério pode ser o da *verificabilidade simultânea*, constituído por uma dupla norma de aplicação. Em primeiro lugar, toda vez que um experimento científico estiver em discussão será necessário questionar se há, cientificamente falando, precisão no grau de certeza anunciado. Quando a pesquisa ocorre com seres humanos, as certezas presentes nos enunciados devem gozar do máximo de precisão, ainda que estas certezas sejam mínimas; caso contrário, a fundamentação do discurso científico deixa de ser epistemológica e passa a ser estética e espetacular. Em segundo lugar, é necessário que as pesquisas científicas proporcionem benefícios correspondentes aos custos sociais exigidos para o seu desenvolvimento. Esta é a responsabilidade social que se espera da ciência e da qual se origina o princípio da equidade na distribuição dos recursos da saúde. Afinal, o critério da *verificabilidade simultânea* origina-se da correlação entre responsabilidade científica e responsabilidade social.

III
Bioética e teologia: diálogo e impasses

Antes do nascimento da bioética, a teologia já se preocupava com questões morais inerentes à prática clínica, como reflete a obra *Moral and Medicine* (Moral e medicina), publicada em 1954 pelo teólogo episcopal Joseph Fletcher. Enquanto os teólogos católicos discutiam eutanásia e aborto, Fletcher resolveu analisar teologicamente a liberdade e a autonomia do paciente. Esta reflexão acabou levando-o a defender uma posição liberal acerca de eutanásia, revelação da verdade e direitos do paciente. Outra presença de destaque nos primórdios da bioética é a do teólogo metodista Paul Ramsey que, ao longo de 1970, observou a relação médico-paciente nas clínicas e enfermarias do hospital da Universidade de Georgetown (PESSINI & BARCHIFONTAINE, 1997: 20-21). Em seu livro *The Patient as Person* (O paciente como pessoa), Ramsey oferece uma análise original da repercussão do comportamento dos médicos na evolução clínica dos pacientes, a qual varia conforme o interesse do médico por seu contexto de vida. Essas duas referências dão a medida do valor da teologia no diálogo bioético, sobretudo nos dias atuais em que a sociedade se encontra desorientada em relação aos avanços tecnológicos.

1. Diversidade de destinatários e pluralismo epistemológico

O problema da teologia no diálogo bioético é a diversidade de destinatários e a multiplicidade epistemológica. Muitas vezes não se leva em conta que a diversidade de destinatários (crentes e não crentes) exige a diversificação dos processos de comunicação do conhecimento (epistemologia). Isto significa que, no lugar de opor moral cristã à não cristã, torna-se imprescindível achar elementos que, por serem racionais e estarem em conformidade com a lei natural, encontram-se presentes em ambas.

Também deve estar claro para o teólogo que sua função no diálogo bioético não é determinar se esta ou aquela decisão clínica foi adequada e oportuna, ou avaliar o valor científico de uma experimentação. Quando faz isto, acaba extrapolando os limites epistemológicos do seu conhecimento e pode, assim, cometer um erro decorrente do uso de uma metodologia inadequada. O papel do teólogo é questionar os limites morais da investigação em seres humanos, as preocupações teleológicas da ciência e a desatenção à identidade e integridade da pessoa no contexto clínico e experimental.

A teologia, como trata uma dimensão profunda da pessoa, que a coloca ante a transcendência, deve pronunciar-se em todas as circunstâncias nas quais estão envolvidos o bem-estar e a dignidade da pessoa humana. Entretanto, isto não significa impor-se em questões que dependem de uma solução de ordem estritamente técnica. O papel da teologia é fazer a ciência perceber seus limites em sua relação com o progresso da humanidade. Neste sentido, a teologia será sempre apta a dizer algo à ciência, quando houver, em suas descobertas, suspeitas sobre os reais benefícios para a sociedade, ou ameaça à vida humana.

Uma teologia dialógica e de discernimento tem um papel clarificador no debate bioético e pode iluminar valores apagados pelo individualismo e pelo racionalismo das especializações. Uma teologia com tais características favorece a bioética tornar-se um espaço cada vez mais propício ao diálogo interdisciplinar, intercultural e inter-religioso. É oportuno recordar aqui as palavras do Concílio Vaticano II na *Gaudium et Spes*:

> A Igreja, guardiã do depósito da Palavra de Deus, do qual tira os princípios para a ordem religiosa e moral, ainda que não tenha sempre resposta imediata para todos os problemas, deseja unir a luz da revelação com a perícia de todos, para que se ilumine o caminho no qual a humanidade entrou recentemente (GS 33).

No exercício do seu magistério, um teólogo deve, de acordo com os ensinamentos da Igreja, colocar no primeiro plano da sua reflexão moral a revelação de Deus que irrompe, como mistério, no seio da humanidade. Todavia, esta postura não deve desconsiderar os valores presentes no ser humano como imagem de Deus nem a capacidade da razão humana para captá-los. Na razão, o homem encontra a lei escrita por Deus na natureza. Razão e fé devem encontrar-se para elevar o homem à verdade (João Paulo II, 1998: 4). Ambas hão de coincidir necessariamente, como nos faz recordar o Concílio Vaticano II:

> Na intimidade da consciência, o homem descobre uma lei. Ele não a dá a si mesmo. Mas a ela deve obedecer. Chamando-o sempre a amar, fazer o bem e a evitar o mal, no momento oportuno a voz desta lei lhe soa nos ouvidos do coração: faze isto, evita aquilo. De fato o homem tem uma lei escrita por Deus em seu coração. Obedecer a ela é a própria dignidade do homem, que será julgado de acordo com esta lei. A consciência é o núcleo secretíssimo e o sacrário do homem onde está sozinho com Deus e onde ressoa a sua voz (GS 16).

2. Bioética e a teologia da mediação

Por trás do diálogo entre fé e razão poderão ser encontrados os impasses existentes na relação entre a teologia e a ciência. O teólogo Friedrich Schleiermacher já havia observado que toda reflexão teológica deve preencher sempre dois requisitos. Em primeiro lugar, manter a especificidade da experiência cristã (*piedade*), assim como os conteúdos da sua consciência. Em segundo lugar, estabelecer um diálogo com a filosofia e as disciplinas científicas que tornam inteligíveis as condições de possibilidade do conceito indispensável de experiência religiosa. Essa dupla preocupação constitui, em grande medida, o que Schleiermacher chamou de *teologia da mediação*. Ainda, segundo ele, uma aliança eterna entre a fé e a ciência, a ser articulada na teologia, pode ser inteiramente legitimada pela tradição teológica ocidental. Tal aliança é o único meio de evitar que o destino do cristianismo e da ciência transforme a história num beco sem saída.

Se, por um lado, há grandes impasses no diálogo entre fé e ciência, por outro vale dizer que tem havido discussões fecundas. Entre elas devem ser lembradas a que ocorreu entre Bertrand Russell e Coplestone (RUSSEL & COPLESTONE, 1978) e a outra entre o humanismo cristão e o agnosticismo, que teve como protagonistas o Cardeal Carlo Martini e o pensador Umberto Eco (MARTINI & ECO, 1999).

Apesar dos radicalismos, no diálogo entre fé e ciência devem estar sempre presentes três características básicas: autonomia, reciprocidade e interatividade. Lembrando as palavras do Papa João Paulo II:

> Religião e ciência hão de preservar sua autonomia e seu caráter distintivo. A religião não se fundamenta na ciência, nem a ciência é um prolongamento da religião. Cada uma possui seus próprios princípios, suas próprias conclusões. O cristianismo possui em si mesmo a origem de sua justificação e não espera que a ciência seja sua principal apologética. A ciência há de dar testemunho de sua própria dignidade. Cada uma pode e há de ajudar a outra. A oportunidade sem precedentes que temos hoje é a de uma relação interativa comum, na qual cada uma deverá manter sua integridade e, não obstante, estar aberta aos descobrimentos e intuições da outra (JOÃO PAULO II, 1988; 1990).

IV
Bioética cristã e diversidade moral

Em um mundo caracterizado pela diversidade moral, tornou-se arriscado falar da existência de uma única bioética. Temas importantes, como a definição de pessoa humana, o aborto, o uso das biotecnologias e a eutanásia, levam alguns autores a defender a necessidade de estabelecer uma *bioética secular*, caracterizada pela tentativa de unir todos os homens através de uma moralidade comum, colocando entre parênteses as crenças religiosas e suas ponderações sobre a realidade (ENGELHARDT Jr., 1991: 33ss.).

Ao pretender ser descompromissada com uma visão moral particular, a *bioética secular* acaba negando a diversidade moral e, por conseguinte, os próprios caminhos da razão. O raciocínio secular desejado por este modo de fazer bioética, que arroga para si a alcunha de *liberal*, revela-se fracassado. Afinal, não é mais possível afirmar a existência de uma única visão secular da moral e, por este motivo, torna-se equivocada uma interpretação secular universal da bioética. Por outro lado, ao ignorar a dimensão religiosa, inerente ao homem em sua constituição antropológica, esta forma secular de bioética acabou por provocar, como reação, o surgimento de uma *bioética da satisfação*, caracterizada por seu caráter *libertário* e por aglutinar tendências variadas e até conflitantes no seu seio. Dentro deste modelo se poderá defender, simultaneamente e sem reservas, o direito de os animais não serem maltratados e o de interromper a vida de um filho que está para nascer. Esta bioética é filha da *Pós-modernidade*. Ela admite e estimula uma variedade de visões sobre a mesma coisa, tornando tudo válido e tudo possível. Não se trata de uma diversidade que pode ser boa, mas de uma dispersão aleatória, um caos de vozes que seria bem representado pela resposta do demônio geraseno à pergunta de Jesus: "Legião é meu nome, porque somos muitos" (Mc 5,9).

Contrariamente à *bioética secular*, que se pauta pelos princípios da razão iluminista, genitora do positivismo, do liberalismo, do socialismo e de todos os outros projetos da Modernidade, a *bioética da satisfação* não possui princípios rígidos, pois sua principal característica é a flexibilidade nominal e real em todas as questões. Ela não é contrária à religião. Até chega a fazer um discurso religioso abrindo suas perspectivas para além dos domínios da ortodoxia teológica. Ela também não pretende se pôr acima das diferenças culturais. Sua flexibilidade hermenêutica a coloca para dentro dos mais diversos ambientes socioculturais. É assim que ela passa a ser equivocadamente compreendida como uma *bioética inclusiva*.

Do lado oposto ao da *bioética secular* (liberal) e da *bioética da satisfação* (libertária) encontra-se uma *bioética cristã*, que poderia ser definida como aquela que baseia a sua crítica moral no diálogo intenso e profundo entre a fé e a razão. Trata-se de uma bioética fundada no reconhecimento e na experiência do Deus transcendente (ENGELHARDT Jr., 2003: 214). É nas obrigações para com esse Deus que ela oferece a possibilidade de um embasamento sólido para uma moralidade plena de conteúdo. Este modelo de bioética reconhece o valor fundamental da fé na orientação das condutas humanas sem desconsiderar a importância da razão na investigação do agir moral.

Assim como na Modernidade, a crença na capacidade da razão era comum entre os filósofos medievais. Afinal, a razão não é uma invenção dos modernos, assim como o é o racionalismo. A diferença entre medievais e modernos está no fato de que para aqueles a razão não tem a última palavra. Se por um lado a razão é um dom que Deus concede ao homem, por outro é preciso não esquecer que ela não é capaz de encontrar em si mesma as respostas aos questionamentos produzidos no curso da existência (TILLICH, 1951: 166). Assim, na perspectiva da *bioética cristã*, a busca de princípios norteadores para uma conduta que compreenda e respeite profundamente o ser humano e suas necessidades deve ser empreendida na fronteira da *simples razão* com a transcendência. Em outras palavras, não se trata de um diálogo da razão com ela mesma, como ocorre na *bioética secular*, mas da razão com a sua impossibilidade de responder a todos os questionamentos impostos pela própria realidade.

1. Uma ponte entre fé e razão

A reflexão teológica cristã parece influenciar muito pouco a bioética e a prática médica atual. Para H. Tristram Engelhardt Jr., a impressão é de que "onde a bioética tem êxito, não há necessidade de recorrer à teologia" (ENGELHARDT Jr., 1985: 88). Para L.S. Chill, a reflexão teológica, apesar de querer funcionar como aparato crítico do discurso público, raramente apresenta diretrizes concretas e precisas que sejam acessíveis para aqueles que não possuem a fé cristã (CHILL, 1990: 11).

O processo de secularização tende a uniformizar a linguagem bioética e eliminar qualquer vestígio da expressão religiosa, considerada irracional e problemática para o diálogo. Para alguns teólogos envolvidos com os dilemas bioéticos, a saída encontrada foi optar por um discurso independente, filosoficamente razoável, neutro e distante das categorias do discurso teológico. O problema é que a almejada linguagem comum da bioética não é suficiente para atingir a profundidade de algumas realidades. A definição do homem como *imago dei*, por exemplo, não se reduz ao conceito de *autonomia*, da mesma forma que o conceito de *beneficência* não exprime o sentido genuinamente cristão do amor ao próximo. Este processo, além de amordaçar a teologia, faz a bioética perder a sua característica interdisciplinar. A consequência é que ela deixa de cumprir sua função, que é ser *ponte para o futuro*, para se transformar em um *beco sem saída*.

Embora alguns especialistas vejam com desconfiança e até desqualifiquem intelectualmente a reflexão teológica sobre os questionamentos surgidos com os avanços biotecnológicos, por exemplo, é desonesto emitir o atestado de óbito da perspectiva teológica cristã em bioética, assim como foi errôneo afirmar a morte de Deus (CAMPBELL, 1990: 5). É necessário esclarecer que a teologia não se confunde com um discurso emocionado sem bases racionais. Por outro lado, não se pode reduzi-la ao domínio da *simples razão*. A teologia é essencialmente constituída por dois elementos: a mensagem revelada e a reflexão filosófica. Seu significado, por isso, resulta da união de dois termos gregos: *theos* e *logos* (TILLICH, 1951: 15). O primeiro termo designa o objeto e a preocupação fundamental do teólogo, isto é, Deus, enquanto revelado à humanidade. O segundo indica uma postura reflexiva e racional buscada pelo teólogo para falar, aprofundar e sistematizar, na realidade cotidiana, a relação humana com Deus. São estes dois elementos que fazem a teologia ser o que é: "*logos* do *theos*", ou seja, "uma interpretação racional da substância religiosa" (TILLICH, 1951: 16). Sem tais elementos, a teologia não é possível.

A racionalidade na linguagem teológica é um elemento importante e necessário. No entanto, é imprescindível compreender que esta importância deve expressar sempre, junto aos seus conceitos fundamentais, um compromisso de vida[1]. "A integridade do

---

1. Para Boaventura, a teologia "não há de servir somente para a contemplação, mas também para melhorar-nos ainda mais; esta é sua primeira finalidade": BUENAVENTURA. *I Sent.*, Prol. 3 (I, 13a).

discurso cristão não depende da tradução de suas convicções, mas do dever de demonstrar tais convicções através de práticas cristãs" (CAMPBELL, 1990: 6). A partir desta postura paradigmática nasce a *bioética cristã*, caracterizada pela busca do sentido último (*telos*) da existência humana e pelo compromisso de vida exigido por esta busca. Nela se encontram os conteúdos da reflexão moral produzidos pela tradição filosófica cristã e a atualização cotidiana das práticas morais decorrentes do encontro com a *boa-nova* do Ressuscitado. Em outras palavras, ela estabelece uma ponte entre a fé e a razão.

Em face a tais considerações é necessário levantar duas questões: A *bioética cristã*, no atual contexto *cosmopolita libertário*, não poderia ser considerada como mais uma visão particular entre outras? É possível falar de uma única *bioética cristã* diante da diversidade hermenêutica das várias igrejas cristãs?

Em primeiro lugar, no atual contexto tudo é considerado particular; com a *bioética cristã* não poderia ser de outro jeito. A questão fundamental não está em considerar esta visão bioética como particular ou universal, mas indagar se ela é acidental ou substancial. Isto não é uma saída retórica. Do ponto de vista lógico, a *bioética cristã* é particular, porque representa uma peça da reflexão bioética; do ponto de vista ontoantropológico, ela é substancial, porque enfrenta questões cruciais para a existência humana, enraizadas na sua essência. Questões como a do início da vida, por exemplo, podem ser analisadas sob dois pontos de vista, um lógico e outro ontoantropológico. Do ponto de vista lógico, trata-se de uma questão universal, que afeta a todos, mas que curiosamente pode levar a uma diversidade de respostas. Do ponto de vista ontoantropológico, representa uma questão substancial que não pode ser respondida satisfatoriamente pela *simples razão*. É através de questões substanciais que se percebe a finitude da razão humana, a incapacidade da ciência de responder a todas as perguntas e a fragilidade das respostas. A *bioética cristã* é substancial porque recoloca a importância das questões mais fundamentais e mostra a insustentabilidade das respostas desvinculadas do diálogo com a transcendência (SOARES, 2009: 147-163).

Em segundo lugar, a diversidade hermenêutica das várias igrejas cristãs não impede que se fale em uma única *bioética cristã*. É preciso fugir da tentação de tomar a hermenêutica como algo absoluto e o seu objeto como algo relativo. A revelação cristã, objeto da hermenêutica das igrejas, é absoluta. Apesar das várias interpretações que possa ter, ela é somente uma (MONTES, 1994: 574-575; WERBICK, 2002: 17-19). Não se pode deduzir da variedade das igrejas uma variedade de revelações cristãs. Mesmo havendo entre as igrejas e dentro delas opiniões distintas sobre determinados temas relacionados à moral (UR, 23), isso não significa afirmar a ausência de unidade naquilo que é fundamental na fé cristã. A divergência de opiniões no interior do cristianismo só serve para atestar que suas tensões são tão reais quanto o seu vigor. Desde os seus primeiros séculos, o cristianismo conviveu com heresias de toda natureza, cismas e situações políticas conflituosas. Com o Cisma do Oriente (1054) e a Reforma Protestante (1517) ocorreu a *ruptura da perfeita comunhão eclesiástica* (cf. UR, 3, 13, 19), mas, ainda assim, a *unidade cristológica* se manteve intacta (cf. UR, 18, 20). Foi este elemento fundamental que possibilitou, no decorrer da história, sobretudo a partir do Concílio Vaticano II, o desenvolvimento do movimento ecumênico. Embora a *bioética cristã* seja estudada e praticada por especialistas de confissões cristãs distintas, ela deve centrar seu foco em três elementos importantes: a revelação de Jesus Cristo, as atitudes que obrigatoriamente brotam do compromisso com esta revelação e o sincero diálogo ecumênico, inter-religioso e interdisciplinar.

2. Bioética e a experiência da fé cristã

O conteúdo e a substância da reflexão teológica cristã e da moralidade que dela decorre, incluindo o conteúdo da *bioética cristã*, não são obtidos através da argumentação puramente racional. Se a *bioética cristã* possui um conteúdo além daquele que é historicamente condicionado e uma autoridade maior do que aquela derivada do consenso de uma comunidade particular, então tal bioética deve receber seu conteúdo e sua autoridade de uma esfera transcendente, que é certamente a revelação de Jesus Cristo.

Se a fé cristã ensina que o homem é um ser absolutamente dependente do seu Criador, então a única coisa que importa é conhecer o que Ele quer que seja feito (TOMÁS DE AQUINO, q. 21, a. 4, ad. 3)[2]. Sendo assim, só na *moral revelada* se poderá descobrir as exigências da vontade divina. O conhecimento e a busca do bem, distante da vontade de Deus, é, como no episódio bíblico do pecado de Adão e Eva, um intento de autonomia e independência que afasta o ser humano do seu Criador.

A mesma fé fala, como um elemento irrenunciável, da realidade do pecado e das suas consequências sobre a natureza humana. Sem cair em uma abordagem teológica pessimista, o pecado se apresenta como uma *norma heterônoma*, que influencia a lucidez e a liberdade da pessoa, impedindo um conhecimento seguro e objetivo da realidade. Sem a ajuda da revelação é muito fácil que os esforços humanos para captar os autênticos valores terminem em um erro lamentável. A história está repleta destes equívocos que sempre ocorrem quando o ponto de apoio da vida moral deixa de ser os ensinamentos de Deus para se estabelecer sobre a confiança desmedida na razão humana (VERDES, 1999: 89-90). Sem uma fundamentação transcendente, que busque no Criador

---

2. De acordo com Tomás de Aquino, "tudo o que o homem é, tudo do que ele é capaz e tudo o que ele tem deve ordenar-se a Deus".

a explicação última e definitiva, é impossível dar um caráter absoluto aos valores morais[3]. Sem a existência de Deus toda a moral ficaria destruída, sem uma base firme e estável. O intento de uma moral secular parece, portanto, condenado ao fracasso.

Os fundamentos da *bioética cristã* não podem ser considerados como meramente teóricos, pois o fundamento da fé cristã está no transcendente, que, por sua vez, está além de toda a experiência imanente e de toda a reflexão filosófica. Desta forma, a vida moral não pode ser considerada como um fim em si mesmo, mas somente como um modo de união com Deus. O ato de decidir abordar o mundo como obra da criação de Deus determina como a pessoa entenderá a si mesma, sua própria vida e, consequentemente, a bioética.

A experiência da fé cristã, seja ela realizada por católicos, ortodoxos, anglicanos e protestantes, é um chamado ao compromisso ético (AGUIRRE, 1999: 69-77). É o que se reflete no começo do cristianismo, na primeira pregação apostólica, quando os primeiros cristãos, após expressar sua profissão de fé, dão imediatamente um salto à pergunta: *O que devemos fazer?* (At 2,37).

A análise das questões bioéticas a partir da perspectiva cristã deve, necessariamente, se distinguir daquela empreendida pela *bioética secular*, tanto a *liberal* como a *libertária*. Tal distinção não ocorre no nível da eficiência lógica dos argumentos, mas no nível da finalidade e da profundidade ontoantropológica das proposições erigidas. Sob a perspectiva cristã, a bioética é concebida como um espaço privilegiado para refletir, com as diversas comunidades morais e religiosas, sobre os temas essenciais para a existência do

---

3. Boaventura observa que a dimensão mais elevada da razão está necessariamente ordenada a Deus (*superior portio rationis dicit ordinationem ad Deum*: BUENAVENTURA, *II Sent.*, d. 39, a. 2, q. 1 concl.).

homem e o futuro da humanidade. Em sua encíclica *Evangelium Vitae*, que aborda o valor e a inviolabilidade da vida humana, o Papa João Paulo II observa:

> A aparição e o desenvolvimento cada vez maior da *bioética* favoreceu a reflexão e o diálogo – entre crentes e não crentes, como também entre crentes de diversas religiões – sobre problemas éticos fundamentais, que dizem respeito à vida do homem (EV 27).

Do mesmo modo que se chegou à convicção de que não se pode qualificar como *wertfrei* (livre de valores) a experimentação científica e o desenvolvimento tecnológico, torna-se necessário reconhecer que não existe uma abordagem bioética que seja *traditionfrei* (livre de tradições). Esta é a base para abordar as questões bioéticas sob a perspectiva cristã.

SEGUNDA PARTE

Nova realidade requer novos enfoques

A partir da década de 1990, biotecnologia e bioética ganharam notoriedade não apenas entre especialistas, mas também junto ao grande público. O Projeto Genoma Humano (PGH), que trouxe à luz grandes descobertas no campo da genética, teve seu encerramento oficial em meados do ano de 2000. Contudo, descobertas de cunho mais ou menos sensacionalista vão aparecendo com uma frequência impressionante. Não é só a frequência que chama a atenção; é sobretudo o teor revolucionário dessas descobertas. A vida em todas as suas manifestações não apenas está sendo compreendida de maneira diferente, mas está sendo minuciosamente projetada e construída de maneira diferente.

Com este quadro de fundo já se percebe o quanto é difícil selecionar pontos determinados para atribuir-lhes o qualificativo de principais desafios. Na prática, uma revolução tão profunda na maneira de existir, compreender e ser exigiria um repensamento total de tudo. Não são apenas pontos que devem ser repensados; é a vida no seu todo, da qual trata a bioética, que deveria ser repensada. Entretanto, na exata medida em que a biotecnologia foi adquirindo mais força, os problemas candentes passaram a vincular-se mais estreitamente com ela. Ou seja: este todo pode, de alguma forma, ser iluminado através da abordagem de alguns ângulos da biotecnologia.

Assim sendo, selecionar alguns problemas não é arbitrário; ainda mais que, ao iluminar de um ponto de vista da bioética, mesmo que sejam alguns poucos problemas, estaremos, ao menos de modo indireto, iluminando também outros problemas não contemplados aqui. Por isso os pontos escolhidos podem ser classificados como fundamentais, pois eles são ilustrativos de uma maneira de entender a vida. O que importa numa abordagem introdutória como esta não é dissecar os problemas de maneira casuística, e sim apontar algumas grandes coordenadas inspiradoras. Estas são como que chaves de leitura e que, por isso mesmo, deverão estar sempre presentes em qualquer abordagem. Desta forma não estaremos oferecendo a solução pura e simples, mas indicando os caminhos por onde se pode chegar a uma solução.

Entre os desafios fundamentais do momento presente em termos de bioética, podemos destacar alguns já há muito debatidos, mas que hoje se apresentam com *novos aspectos* oriundos dos progressos da genética e das biotecnologias, ou até mesmo de uma nova realidade sociocultural. Este é o caso do aborto, do suicídio e da eutanásia. A questão do aborto é muito antiga, mas agora ela se apresenta de maneira mais aguda e radical na questão dos anencefálicos e do uso de células embrionárias para experimentos humanos, na busca de novas formas terapêuticas. Também o suicídio é um problema muito antigo, mas é algo de novo a onda de suicídios como arma de resistência. Homens e mulheres-bomba questionam toda a abordagem clássica. Da mesma forma, há muito se debate sobre eutanásia, mas agora ela se projeta não apenas de maneira mais sutil, como também de maneira paradoxal, na forma de suicídio assistido, por um lado, e como distanásia, por outro. Se é verdade que já há algum tempo, por razões políticas, se postergava a morte de personagens considerados importantes, agora a combinação genética e biotecnologia abre perspectivas ainda mais amplas.

Outros desafios não só apresentam novos aspectos, como são de fato *novos*, porque emergiram há pouco, exatamente no contexto da revolução biotecnológica. Aqui se destacam a transmissão da vida em laboratório, a transgenia e a terapia gênica sobretudo através do uso de células-tronco. Estas são de fato questões novas, porque se originam de práticas de laboratório factíveis somente há pouco tempo. Ademais acresce aqui a novidade de uma certa pressão de empresas biotecnológicas para que todos esses procedimentos sejam totalmente liberados e acobertados legalmente, e ainda mais com recursos públicos. Isto tudo faz com que os debates nem sempre se apresentem de maneira serena. Pelo contrário, à medida que traduzem diferentes concepções de vida, as polêmicas são acirradas.

I
Genética: uma ciência que revoluciona a compreensão da vida

Com certeza, nos seus primórdios, a humanidade era mais defensiva do que pró-ativa. Não se tratava de compreender, nem de transformar a realidade: a questão era de mera sobrevivência. Entretanto, tão logo o ser humano foi conseguindo responder às necessidades mais primárias, foi também observando melhor o que acontecia ao seu redor e tentando ora adaptar-se à realidade, ora modificá-la. É neste horizonte que se coloca a evolução das ciências e das tecnologias. Quando se têm presentes as denominadas grandes civilizações antigas, não há como não ficar pasmo diante de tanto saber e diante de tanto poder: sem os recursos de hoje elas conseguiram realizações ainda não totalmente inteligíveis. Pensar que só hoje refletimos e só hoje realizamos grandes empreendimentos é desconhecer a dinâmica da própria história. Na realidade o ser humano nunca foi mero espectador: de alguma forma sempre foi observador, reflexivo e capaz de empreendimentos criativos. É com este quadro de fundo que se compreende a profundidade da revolução levada adiante pela genética atual: ela desemboca numa nova compreensão de vida, que nos introduz num novo momento histórico.

1. Uma nova compreensão de vida que introduz num novo momento histórico

A diferença em relação a todas as fases das revoluções anteriores é de grau de intensidade, não de essência. Mas, como ficará mais claro na medida em que desenvolvermos nosso raciocínio, a revolução biotecnológica introduz algo de realmente novo, não só em termos de intensidade, mas também de essência. Para melhor avaliar a novidade do momento presente, convém recordar alguns marcos do passado, tanto em termos de conhecimentos quanto em termos de tecnologias. Assim, tanto no que se refere à genética quanto no que se refere à biotecnologia, poderíamos distinguir uma fase primitiva, uma fase clássica e uma fase revolucionária. Na primitiva, conhecimentos e tecnologias só poderiam ser rudimentares. Na clássica, sobretudo quando se tem em vista o período que denominamos de medieval, ainda que os instrumentos não possam ser comparados com os de hoje, já encontramos um admirável acervo de conhecimentos sobre toda a realidade humana e uma significativa capacidade de interferência sobre a mesma. Por isso falava-se em conhecimentos universais, pois abrangiam todos os aspectos da vida, abrindo-se para a correspondente interferência sobre eles.

E no entanto, por mais que se deva valorizar o passado mais distante, não se pode deixar de constatar que foi somente a partir do advento da denominada Revolução Industrial que os seres humanos passaram a comandar sua história pessoal e social. Desde então, meados do século XIX, foi efetuada uma longa trajetória, onde a eficiência e a rapidez se foram tornando marcas características. Tudo o que se denomina de progresso tem atrás de si um crescente acúmulo de ciência e de tecnologia cada vez mais aprimoradas e numa velocidade cada vez mais acentuada. Não sem razão, a partir desta revolução, volta-se continuamente à referência do ser humano como senhor do universo. Apesar de todos os problemas daí decorrentes, sobretudo em termos ecológicos, não há como negar um domínio crescente. Nesta trajetória podem ressaltar-se até momentos empolgantes como foi, por exemplo, a descida do primeiro homem na lua.

Tudo isto, porém, nada mais foi do que uma espécie de pré-anúncio do que estaria por vir. A verdadeira revolução é a resultante da conjugação genética e biotecnologia, como são entendidas hoje. Esta revolução se dá em três dimensões: a do conhecimento, a da tecnologia e a da operacionalidade, com posteriores reflexos sobre todo nosso modo de viver e compreender a vida. Nas três dimensões percebe-se um acento crescente em direção aos mecanismos mais secretos da vida. A sensação de poder chega a um nível sem precedentes: encontramo-nos diante de um verdadeiro biopoder.

2. Fruto de uma longa e rápida evolução

A revolução biotecnológica, como as anteriores, não começou exatamente pela tecnologia, mas pelas ciências. Apenas que desta vez já não se trata de uma ou algumas ciências que avançam isoladamente. Uma das características primordiais do momento atual consiste exatamente no fato de as ciências todas cruzarem seus conhecimentos numa espécie de rede e com uma fecundidade incrível. Até há pouco falava-se em transdisciplinaridade, ou em termos correspondentes, para caracterizar este processo. Hoje estes termos podem ser considerados muito pouco expressivos diante do que realmente está ocorrendo com as antigas fronteiras das disciplinas. Assim já não é adequado trabalhar na pressuposição, até há pouco tida como atualizada, de manter fronteiras nítidas entre ciências naturais, humanas e sociais. Como também se torna difícil manter as tradicionais fronteiras entre física, química, biologia, bioengenharia... Ademais surgiram novas ciências, como mecânica quântica, eletrônica, nanotecnologia, biologia molecular, engenharia genética, bioinformática... Neste contexto virtualidade, digitalidade e antiga realidade se entremeiam.

Para visualizar mais claramente os revolucionários avanços em termos de genética, convém, antes de mais nada, acenar para o passado mais remoto. Em seguida, é preciso dar destaque ao período que vai desde Mendel até o PGH: foram mais ou menos 150 anos de pesquisas que, progressivamente, desvelaram um novo panorama daquilo que acontece na intimidade dos seres vivos, sobretudo dos seres humanos. Finalmente, o PGH, que cobriu exatamente a década de 1990-2000, fechou com chave de ouro um século e um milênio. A partir de então nada mais pode ser compreendido como antes. Todos os conhecimentos são testados de uma maneira nova e com ares de infalibilidade: quem conhece o DNA de um ser conhece geneticamente este ser; e quem dispõe de tal conhecimento encontra-se muito próximo da possibilidade de moldar seres de acordo com seus desejos.

Se definirmos a genética como a ciência dos genes, devemos colocar seu ponto de partida nas pesquisas de Gregor Mendel (1865), ou até, de maneira mais precisa, nos inícios do século XX, quando se começou a falar em genes. Entretanto, se entendermos a genética num sentido mais amplo, então deveríamos defini-la como a ciência que trata da intimidade biológica, o que só foi conseguido em tempos relativamente recentes e continua se desenvolvendo no dia a dia. Claro que devemos privilegiar a genética no sentido atual do termo, mas, para entendermos melhor o que a caracteriza, convém recordar alguns dos seus antecedentes.

Que muitas plantas se multiplicam através de sementes não é só um fato desde sempre constatado, é também um primeiro indicador de que os mecanismos da vida se encontram como que condensados em pequenas unidades. Curiosamente, no relato da criação, logo no primeiro capítulo do Livro do Gênesis, percebe-se uma insistência sobre as sementes. A terra faça brotar vegetação: plantas, que deem semente, e árvores frutíferas, que deem fruto sobre a terra, *tendo em si a semente* de sua espécie (Gn 1,11). Isto significa que os seres vivos carregam consigo sementes capazes de ir reproduzindo a vida de acordo com sua espécie.

Da mesma forma, sempre se observou que mamíferos e seres humanos vão se multiplicando na medida em que trocam suas sementes. É esta compreensão que se esconde por trás de uma expressão encontrada nos primeiros filósofos gregos, quando falavam de sementes vitais. As sementes vitais masculinas foram visualizadas no final do século XVII e as femininas no final do século XVIII, através do uso dos primeiros microscópios.

3. De Mendel até o Projeto Genoma Humano

Ao contrário do que ocorria até alguns decênios atrás, hoje há quem faça questão de acentuar um conflito entre ciência e fé, sobretudo quando se trata de problemas relacionados com a genética. Por isso mesmo, convém lembrar que o pai da moderna genética foi um monge: Gregor Mendel. Foi ele quem, a partir de experiências sistemáticas feitas com ervilhas lisas e rugosas, chegou à conclusão de que há uma lógica na transmissão da vida, apesar de certos saltos. As leis da hereditariedade se caracterizam exatamente por mostrar uma identidade que se renova e inova em cada geração. Ou seja: há elementos que garantem uma identidade na evolução e uma evolução na identidade.

Estes elementos, que foram denominados por Mendel de fatores de hereditariedade, a partir dos inícios do século XX passaram a ser denominados de genes, ganhando sempre maior importância no que hoje se denomina de biogenética. Foram algumas perguntas relacionadas com os genes que se tornaram propulsoras dos grandes avanços da genética: O que são os genes? Onde se localizam os genes? Quais são as funções dos genes? Em que eles contribuem ou não para a saúde ou a doença? Como se articulam com o meio ambiente? etc.

A busca de respostas adequadas para estas interrogações apresenta ao menos alguns marcos significativos que podem ser assim enunciados: os seres vivos são animados por milhões e milhões de células; no ser humano estas células são aproximadamente 100 trilhões; cada célula contém um núcleo; neste núcleo de célula humana encontram-se 23 pares de cromossomos; eles são constituídos por elementos físico-químicos que denominamos DNA (ácidos desoxirribonucleicos); o DNA se apresenta com 6 bilhões de bases; o DNA assume a forma de dupla hélice; o material genético pode ser recortado e novamente colado, mas em posição diferente.

Tudo o que foi apresentado no item anterior se constitui numa pequeníssima indicação dos grandes avanços científicos anteriores ao PGH. Entretanto, pode-se dizer que estes grandes avanços foram importantes na exata medida em que prepararam os caminhos para o PGH. Para compreender o significado deste megaprojeto convém relacioná-lo com dois outros projetos que o precederam: o da energia atômica e o da conquista do espaço sideral. Quando analisados cuidadosamente, estes três megaprojetos se apresentam como complementares e fazendo parte de um mesmo esquema de domínio científico e tecnológico tanto do macro quanto do microcosmos. Neste contexto se compreende melhor que o PGH se constitui no coroamento dos projetos anteriores. Não se deve ao acaso o fato de os 10 anos de pesquisa terem sido simbolicamente encerrados no ano 2000: um empreendimento digno para comemorar a virada de um século e de um milênio, onde os mistérios da vida foram sendo progressivamente desvendados.

De fato o PGH, ao mesmo tempo que confirmava algumas pressuposições, desmentia outras, mas abrindo caminho para sempre novas e sempre mais sensacionais descobertas. Além de permitir a leitura do livro da vida humana, o PGH abriu caminho para a leitura do genoma das presumivelmente dez milhões de espécies de seres vivos. Assim, nas genotecas, vão se acumulando sempre mais dados referentes à vida e à morte. E mais do que isto: o cruzamento de dados permite ao mesmo tempo uma compreensão mais específica de cada ser vivo e uma compreensão mais global das articulações entre as várias espécies de seres vivos.

Foi também dentro deste contexto, no qual uma descoberta vai possibilitando muitas outras, que se chegou às células-tronco. Desde há muito se constatava o potencial extraordinário das células embrionárias. Algumas delas são denominadas de unipotentes, por exercerem uma única função determinada; outras são pluripotentes, por poderem exercer várias funções ao mesmo tempo; outras ainda são totipotentes, por poderem, teoricamente, ser encaminhadas para qualquer função. Mas o que mais surpreende é que um certo número de células-tronco, que mantêm seu poder regenerador, possam ser encontradas no cordão umbilical, na medula óssea e em outras partes do corpo. Estas células são denominadas de adultas ou maduras.

II
Biotecnologia: a técnica que se volta para a vida

As maiores conquistas na linha de conhecimentos concentram-se na área da genética. Nunca se conseguiu tamanho acervo de conhecimentos sobre os mecanismos mais secretos da vida. Mas, certamente, o que mais impressiona em todo este processo não se encontra na linha do conhecer mais e melhor: encontra-se na linha do *poder* de interferência nestes mecanismos da vida. Com isto estão sendo feitos os primeiros ensaios, seja para curar certas doenças de cunho genético, seja para restaurar espécies em extinção, seja para, literalmente, criar aquilo que nunca existiu. É nesta altura que aparece o termo biotecnologia.

É verdade que o termo biotecnologia se presta a várias interpretações. Há quem veja a biotecnologia já em ação desde os primórdios da humanidade; há quem a veja existindo de maneira concomitante com a Revolução Industrial; há quem veja a biotecnologia como algo de muito recente, coincidindo com a capacidade de interferência direta no código genético dos seres vivos. Assim mesmo, dados os múltiplos fatores que entram em ação, há quem prefira falar de biotecnologia somente no plural, pois coexistiriam muitas biotecnologias ao mesmo tempo. Para entender melhor o que significa biotecnologia no sentido atual do termo talvez seja interessante estabelecer ao menos três etapas: a primitiva, a moderna e a atual.

Por mais sensacionais que sejam estas experiências, o que chama mais a atenção é que, progressivamente, elas começam a fazer parte do cotidiano das pessoas. Assim, sofisticados exames de DNA vão sendo sempre mais comuns, ao menos no que se refere à determinação da paternidade; alimentos geneticamente enriquecidos, ou até geneticamente modificados, encontram-se sempre mais presentes em muitas mesas, como se isto fosse a coisa mais natural do mundo. Tudo isso, porém, remete para uma caminhada que conhece várias etapas: a da observação e tentativas de imitação; a de uma maior ousadia; a da biotecnologia como instrumento de ação sobre os mecanismos mais secretos dos seres vivos.

1. Observando o que se passava na natureza

A biotecnologia no sentido bem amplo, como sendo o uso de organismos vivos para responder a necessidades humanas, quase que coexiste com a vida em sociedade. Assim, a conservação e a transformação de alimentos não se constitui propriamente numa novidade. Até pelo contrário: muito cedo os seres humanos começaram a observar e a imitar a natureza. Viam a fermentação do leite, do pão, da uva e passavam a produzir produtos à base da fermentação; viam como se multiplicavam os animais e iam ficando atentos para não perderem o momento propício da multiplicação; observavam os comportamentos animais e procuravam domesticá-los, para colocá-los a seu serviço.

Outro passo importante é dado à medida que se descobrem os enxertos. Através deles são obtidos não apenas frutos mais abundantes, como também frutos de sabores e cores diferentes. De alguma forma estes enxertos se constituem numa primeira tentativa de enriquecimento genético e até certo ponto de algo que lembra a transgenia, ainda que não se tivessem os conhecimentos nem os instrumentos adequados. O que chama a atenção é a qualidade e a quantidade dos produtos assim obtidos.

Claro que numa economia de subsistência não era necessário nem possível produzir em maior escala. Entretanto, tão logo as exigências da vida, sobretudo a partir das concentrações urbanas, iam exigindo maior quantidade e melhor qualidade, entrava em funcionamento a criatividade humana. Estes passos todos podem ser considerados os primeiros ensaios de biotecnologia: colocar a criatividade a serviço da transformação do meio ambiente e, mais ainda, a serviço da transformação das condições de vida.

2. Primeiras grandes ousadias

Crescimento da população, urbanização, transformação das condições de vida e desenvolvimento tecnológico são realidades concomitantes: uma pressupõe a outra. É assim que a Revolução Industrial é ao mesmo tempo resposta às novas necessidades e motor de novas necessidades. É neste contexto da Revolução Industrial, cada vez mais crescente, especializada e acelerada, que encontramos um marco importante a partir de meados do século XX: a denominada revolução verde. Não só máquinas cada vez mais sofisticadas, mas produtos químicos já agora desenvolvidos em laboratório passam a fazer parte do cotidiano da vida das populações. Adubos orgânicos e químicos não apenas propiciam uma produção maior, mas uma verdadeira transformação dos produtos. Ainda que seja questionável se esta transformação foi sempre positiva, não se pode negar a interferência aqui de uma verdadeira biotecnologia, ou seja: a técnica a serviço do conhecimento e da transformação dos seres vivos.

Um passo adiante é dado com os progressos da virologia, de doenças infecto-contagiosas e a consequente descoberta de antídotos. Estes progressos só foram possíveis através da compreensão do modo como agiam microrganismos causadores de doenças; esta compreensão possibilitou uma ação mais eficaz. Desta forma pode-se dizer que vacinas e antibióticos, ao mesmo tempo que são resultantes dos avanços biotecnológicos, aparecem igualmente como propulsores destes avanços.

Um terceiro passo, sempre dentro de uma biotecnologia num sentido avançado, mas ainda diferente do atual, vamos encontrar nos avanços dos conhecimentos na linha da biologia celular e molecular e que, por sua vez, vão possibilitar uma interferência mais profunda sobre organismos vivos. Mas nesta altura já convém ressaltar que a novidade que vivenciamos hoje não consiste em tirar proveito dos seres vivos, mas em planejar e executar mudanças no código genético. E isto, para o bem e para o mal, só se tornou possível à medida que as manipulações genéticas deixam de ser resultantes de tentativas e de erros, para passarem a ser conduzidas de tal forma que os resultados já sejam de antemão previstos e os erros evitados. Tudo isso, porém, já se coloca num outro nível, que é o da biotecnologia de ponta, no sentido próprio dos termos.

3. Vida pesquisada, projetada e produzida sob medida

Por mais que os avanços nos campos da biogenética e da biotecnologia tenham sido noticiados com insistente sensacionalismo, nem sempre é fácil visualizar onde se encontra, de fato, a novidade do momento atual. Para muitos, o que estamos vivenciando são apenas desdobramentos de eras precedentes. E no entanto, sem desmentir a veracidade disto, é preciso acrescentar que hoje há algo de realmente novo. Desde a descoberta do DNA como célula responsável pela transmissão do código genético e a possibilidade de recortar e fazer nova colagem de material genético, as mudanças no código genético dos seres vivos *não apenas podem ser previstas, mas provocadas para se obter as mudanças desejadas.* Para se tornar compreensível como isto é possível, convém ressaltar ao menos três características da biotecnologia assim como é entendida hoje: ela é resultante de uma convergência de tecnologias; ela é capaz de penetrar na intimidade da vida celular; ela é capaz de projetar e desenvolver aquilo que projeta em termos de novas condições ou até novas formas de vida. O que antes era espontâneo, agora passa a ser sistematicamente projetado e executado.

Há dois tipos de convergências simultâneas que sustentam a novidade da era biotecnológica: a convergência das ciências e a convergência das tecnologias correspondentes. A título de exemplo podemos dizer que a primeira aproximou bioquímica, microbiologia, enzimologia, fisiologia, imunologia, genética, biologia celular e molecular, ciências da computação, robótica... Ademais, ao contrário do que acontecia em outros tempos, a distância entre conhecimento e aplicação prática foi se tornando cada vez menor e por vezes até concomitante. Não é por acaso que hoje sempre mais centros de pesquisa, laboratórios, indústrias, empresas de biotecnologia se aproximam cada vez mais das universidades.

Todo este complexo de aproximações vai ser ainda mais reforçado pelo que hoje se denomina de tecnologias convergentes. Uma palavra composta pelas iniciais das principais tecnologias expressa muito bem o que está ocorrendo: *BANG* (bits, átomos, neurônios, genes). Isto significa: as tecnologias da informação controlam os *bits*; a nanotecnologia (que opera na escala de milionésimos de milímetros) controla e manipula os átomos; as neurociências cognitivas começam a controlar e a manipular os neurônios, e com isto a própria mente; as biotecnologias, interferindo nos genes dos seres vivos, passam a controlar e a manipular a própria vida. Ou seja, agora pode-se entender melhor o que significa *biopoder* e por que a bioética se tornou tão importante neste contexto. Ela não é apenas uma ciência de consenso, mas sobretudo uma ciência que busca mostrar por onde passa o bom-senso para promover e preservar a vida em toda sua complexa originalidade.

III
No início da vida: interrogações
e certezas

Nos primeiros capítulos deste livro foi apresentada a evolução da ética desde suas origens até à bioética. Ao mesmo tempo que esta última se apresenta como uma espécie de ramo da ética, ela se reveste também de inegável originalidade, e isto desde o surgimento oficial nos anos da década de 1970. Como vimos, esta mesma originalidade transparece quando a bioética vem confrontada com outras ciências humanas. Entretanto, mesmo que esta originalidade seja pressuposta pelo seu próprio estatuto epistemológico, que prevê o diálogo pluridisciplinar, convém acrescentar mais alguns ângulos a partir dos desdobramentos da realidade com a qual a bioética trabalha: a vida profundamente modificada, seja pelo contexto de hoje, seja pelos rápidos avanços das biotecnologias.

É neste sentido que, a título de exemplo, convém trazer à tona alguns problemas que se tornaram emblemáticos. Um primeiro pode ser encontrado na questão do início da vida humana. Desta resposta depende nossa postura diante do uso de embriões, de células embrionárias e do destino que se dará aos anencéfalos. Um segundo exemplo de novos contornos de antigos problemas pode ser encontrado nos suicídios com motivações políticas por parte dos insurgentes no contexto da ocupação do Iraque. Um terceiro exemplo pode ser encontrado na questão da eutanásia e distanásia, ambas cada vez mais acessíveis e sutis, dados os avanços biotecnológicos.

1. Quando começa a vida humana? Várias teorias

Nas acirradas discussões sobre o abortamento provocado sempre se encontra subjacente a questão do início da vida humana. Se a vida é *humana* desde o momento da fecundação ou da concepção, então ficam excluídos não apenas os abortamentos como também todo tipo de experimentos que lesem os direitos do embrião e, posteriormente, do feto. Acontece que, ao longo dos séculos, foram sendo desenvolvidas várias teorias para sustentar uma humanização postergada. Como estas teorias apresentam incidências práticas, sobretudo ao nível dos comportamentos e das legislações, convém tê-las presentes.

Em meio às crescentes discussões sobre o início da vida humana não falta quem chegue a sustentar que a vida só seria humana quando a sociedade a aceitasse como tal. A legislação de alguns países admite abortamentos até o sexto mês após a gravidez. Entretanto, quando nos restringimos ao campo estritamente científico, deveríamos destacar duas teorias que apresentam algumas razões a serem consideradas: uma que ressalta o momento da nidação do embrião no útero; outra que sustenta a humanização quando do aparecimento do córtex cerebral, o que ocorre no terceiro mês.

Quem sustenta a humanização só após a nidação, ou seja, após a implantação do óvulo no útero, o faz ressaltando o grande número de óvulos fecundados que são eliminados espontaneamente. Até mesmo de um ponto de vista filosófico sobra uma questão sobre o desperdício de tantas vidas humanas que não chegam a nascer. E de um ponto de vista teológico se coloca a questão da sabedoria de Deus que, ao mesmo tempo, faz surgir e desaparecer tantas vidas que não são vividas. Após a implantação do óvulo no útero, o número de abortamentos espontâneos cai de maneira acentuada. Isto significa dizer que a partir daí, sim, haveria vida humana, merecedora de todos os direitos.

Quem sustenta ser a vida humana somente após a constituição básica do cérebro, o faz na pressuposição de que, se a morte do córtex cerebral é critério para dizer que uma pessoa está definitivamente morta, não se poderia sustentar a existência de uma pessoa antes da constituição deste cérebro. Ademais, seria só a partir desta fase que o embrião transformado em feto passaria a apresentar reações sensitivas, pois todas as conexões já estariam estabelecidas. O cérebro seria, portanto, a marca definitiva da humanização, pois é ele que abre a possibilidade para a racionalidade de um ser.

2. Uma intuição religiosa

A posição da Igreja não se identifica com nenhuma destas teorias. É verdade que, mesmo Santo Tomás e Santo Afonso de Ligório, de acordo com certos pressupostos aristotélicos, acenavam para a possibilidade de uma humanização posterior. Mais exatamente estes dois grandes vultos da teologia se colocavam assim na pressuposição de que o espírito que anima o ser humano necessita de um certo substrato material. Isto significa que não poderia haver alma antes da existência de um corpo. Contudo, estes dois teólogos e outros que, posteriormente, sustentaram esta tese nunca o fizeram para justificar qualquer tipo de abortamento. No máximo, discípulos destes mestres recordavam estas posturas para, eventualmente, em certos casos, abrandar as punições legais, e nunca em vista de uma justificativa moral.

Ainda que não haja um dogma explícito sobre o momento exato da humanização, e apesar do respeito tributado aos dois referidos teólogos, deve-se dizer que a Igreja sempre pendeu para a coincidência entre fecundação-concepção e humanização. Por isso, no contexto da fase embrionária, a Igreja sempre defendeu o respeito à vida, desde o momento da concepção até a morte. Esta posição foi sendo sempre mais reforçada pelo Magistério no decorrer do século passado, exatamente quando se desenvolveram as teorias do início postergado da vida humana para justificar ao menos certos tipos de abortamentos. Para o posicionamento da Igreja muito contribuiu uma *intuição,* que transparece nas festas da Anunciação e da Imaculada Conceição: Maria foi preservada do pecado desde o momento da concepção, e o Filho de Deus se fez carne desde o momento do sim de Maria. Para a Igreja, ainda que a vida deva ser considerada como um *processo,* onde há fases mais ou então menos importantes, a vida humana sempre é dom de Deus e como tal deve ser respeitada, desde a concepção até a morte natural: só Deus é senhor da vida e da morte. Ademais, pressupor que a animação ou a humanização ocorreria só num segundo momento seria pressupor um milagre ainda maior do que o primeiro, com uma segunda intervenção divina.

3. Uma certeza científica

A revolução da genética produziu uma exacerbação entre os partidários do uso de células de embrião, para experiências denominadas terapêuticas, e aqueles que se opõem frontalmente a este uso. Acontece que agora não se trava mais um embate simplesmente entre convicção religiosa e convicção científica, pois todos invocam o embasamento científico. O fato é que, justamente com os avanços da genética, já não há como negar que *o embrião é portador de um código genético próprio e completo.* Concretamente isto significa: ocorrida a concepção, pouco importando através de que método, o código genético já contém em si todas as informações necessárias para dar sequência ao processo de uma vida. Se não houver interferência externa, o embrião passa a ser feto, depois criança, depois adolescente, depois adulto, depois ancião. Em outros termos: todos os seres humanos já foram simples embriões um dia.

Quanto ao argumento de que após a morte cerebral já não nos encontramos diante de um ser vivo, isto vem corroborar o respeito à vida humana em todas as suas etapas e todas as suas manifestações. Isto porque cérebro morto é como pilha descarregada, enquanto o código genético de um embrião é como pilha com carga total. No primeiro caso nos encontramos diante de uma situação irreversível: não há maneira para recuperar neurônios mortos. Em contraposição, no segundo caso nos encontramos diante de células capazes de dar origem a todos os tecidos e órgãos, inclusive ao cérebro. Não se vê, portanto, consistência na argumentação de quem pressupõe um segundo momento decisivo, que poderia, eventualmente, ser deslocado para uma fase ainda posterior àquelas da implantação no útero e da cerebralização. Tais teorias só reforçam as suspeitas de que elas são mais ideológicas do que de caráter científico.

IV
Laboratórios: na busca do produto perfeito

Para quem vem acompanhando os noticiários nas últimas décadas, faz-se sempre mais claro que estamos vivendo uma etapa realmente nova da história humana. Os avanços da genética e da biotecnologia, acima descritos, asseguram isto. A novidade se configura, em primeiro lugar, pela transmissão da vida humana em laboratório, como algo que assume ares de normalidade. Inseminação e fecundação *in vitro* não são apenas conhecidas, mas são apresentadas como procedimentos absolutamente normais e seguros. Tudo isto foi tão assimilado pela população em geral que, em certos ambientes, não recorrer aos laboratórios para garantir uma geração mais aprimorada se apresenta como uma espécie de pecado capital.

Mas a novidade maior e que carrega consigo as maiores interrogações éticas não se encontra em simplesmente buscar a transmissão da vida em laboratório e sim em pretender *moldar a vida* através de expedientes cada vez mais sofisticados. É aqui que aparecem a clonagem e a partenogênese como componentes da realidade mais preocupante. Enquanto inseminação e fecundação em laboratório ainda trabalham na pressuposição de uma determinada programação genética já existente, clonagem e partenogênese se apresentam como possibilidades de uma repaginação surpreendente e original. Sempre de novo, cientistas que trabalham nesta direção procuram distanciar clonagem e transgenia em si mesmas como possibilidades de reprodução humana, para insistirem sobre os desdobramentos terapêuticos destas iniciativas. Tratar-se-ia, em ambos os casos, de produzir material genético adequado para interventos terapêuticos e não para criar novos seres humanos. O que se encontra em jogo, em primeira linha, seria portanto a denominada clonagem terapêutica e o aproveitamento de células-tronco, sejam oriundas de embriões já existentes, sejam produzidas sob encomenda, através de uma espécie de operação dupla, que conjuga clonagem e fertilização do óvulo mas sem espermatozoide.

Contudo, por mais surpreendentes e por mais inquietantes que sejam os procedimentos acima referidos, eles ainda não se constituem numa espécie de limite que ninguém ousaria ultrapassar. Sexagem, transgenia e tentativas de terapia gênica apresentam-se como os últimos desdobramentos, não só em termos de reprodução, como em termos de produção de uma nova realidade. Não se trata de uma produção qualquer e sim de uma produção *à la carte*, onde, além de escolher o sexo, mesclam-se as espécies na busca de formas tidas como mais aprimoradas de vida e na busca de terapias definitivas para certas doenças. A proposta que aparece nesta altura é a de *moldar a vida* através de expedientes cada vez mais sofisticados. Através destas tecnologias chegaríamos a outros seres, literalmente produzidos em laboratório. Aqui já não se trata simplesmente de selecionar o que já existe, mas de criar aquilo que ainda não existe, nem irá jamais existir espontaneamente.

É diante deste quadro, onde procedimentos em teoria diferentes se entrecruzam, que se percebe a importância ímpar da bioética. Claro que ela não surgiu como tentativa para frear os avanços das ciências genéticas e das biotecnologias. Até pelo contrário: ela quer ser parceira para o melhor aproveitamento destas ciências e destas biotecnologias no sentido de promover e garantir a originalidade das várias formas de vida e, sobretudo, promover e garantir a humanidade dos seres humanos. Neste sentido, embora ela não tenha a vocação de policiar ciências e tecnologias, ao mesmo tempo que ajuda a estabelecer limites, ela interpela o bom-senso da humanidade. Ao mesmo tempo que aponta riscos inerentes a estes procedimentos técnicos, sinaliza caminhos.

1. Inseminação e fecundação na proveta: sem problemas?

As primeiras tentativas de transmissão da vida em laboratório já têm mais de um século. Mas é no decorrer destes últimos decênios que a denominada reprodução assistida assume desdobramentos cada vez mais ousados. Da simples inseminação, passa-se à seleção dos gametas e para a fecundação *in vitro*; em seguida a clonagem entra para o rol das possibilidades técnicas; finalmente aparecem os anúncios das primeiras tentativas de partenogênese. No centro deste universo encontra-se uma mesma questão de fundo, relacionada com a produção e o aproveitamento de embriões humanos.

Inseminação e fecundação artificiais passam a ser procedimentos sempre mais correntes. Um sem-número de clínicas e laboratórios espalhados por toda parte abrem um grande leque de possibilidades de escolha, não apenas dos profissionais, como também dos procedimentos e técnicas. Por já fazer parte do cotidiano, não vem ao caso oferecer grandes explicações sobre o que todos, de uma forma ou de outra, já conhecem. Mas talvez convenha lembrar que, no caso da inseminação, trata-se de colher, selecionar e introduzir um espermatozoide nas trompas de uma mulher; no caso da fecundação trata-se de fundir, em laboratório, os óvulos e espermatozoides tecnicamente mais promissores para garantir, de um ponto de vista genético, uma melhor qualidade de vida para as gerações futuras da espécie humana. Daí decorrem três possibilidades: deixar os óvulos fecundados prosseguirem seu caminho no laboratório; implantá-los no útero da mãe biológica ou de outra mulher qualquer; congelá-los para eventuais aproveitamentos futuros, seja na linha de implantes, ou do aproveitamento das células-tronco para fins denominados terapêuticos.

Na primeira linha das motivações para a procura da reprodução assistida encontram-se problemas de infertilidade e de esterilidade. Estes dois problemas afetariam de 20 a 30% da população. Concretamente isto significa que, se num passado não muito distante a preocupação maior era a de evitar filhos, agora percebe-se um certo deslocamento na linha de tudo fazer para conseguir ter um filho ou uma filha. Mas as reais dificuldades na linha de garantir descendência não são as únicas. Pouco a pouco, na exata medida em que foi aparecendo a consciência de que se pode planejar não apenas o número de filhos, como também seu perfil, foi se impondo uma nova motivação de caráter mais eugênico. Evitar doenças de cunho genético e aprimorar a espécie passam a ser um novo aspecto sempre mais levado em consideração.

Com este quadro de fundo se compreende que tanto a geração homóloga (com gametas do casal) quanto a heteróloga (com gametas provindos de pessoas desconhecidas), passam a ser vistas como naturais, desde que venham a preencher a aspiração de um casal. Até a denominada produção independente, de uma mulher solteira, torna-se sempre mais aceita pela sociedade. E, embora os referidos procedimentos não sejam tão simples como vêm apresentados pela mídia, vão se impondo como uma espécie de imperativo ético. Quem deseja transmitir a vida à moda antiga estaria assumindo uma atitude pouco responsável. É a partir desta naturalidade com a qual são vistos tais expedientes que brotam as mais sérias interpelações éticas.

De fato, mesmo de um ponto de vista técnico, as coisas não são tão simples como parecem. Existem problemas no tocante aos resultados; problemas no tocante aos preços e problemas no tocante ao acompanhamento dos pais e, eventualmente, das crianças nascidas por estes processos. No tocante aos resultados: por mais que a mídia dê a entender que pessoas afetadas pela infertilidade ou pela esterilidade já não têm o que temer, a verdade é bem outra. A questão não é tão simples, quando se levam em consideração também os reflexos que podem ocorrer em termos de mecanismos psíquicos e afetivos. Até mesmo perguntas posteriores sobre o porquê das escolhas dos pais poderão ser importunas. Como se vê, quer se considere o papel dos pais, quer se considerem as crianças nascidas sob medida, há uma série de complicações de ordem educacional e afetiva que envolve a todos.

2. Moldando novos seres à la carte

Apesar de uma série de implicações de ordem técnica e ética, inseminação e fecundação *in vitro* são processos que ainda trabalham na pressuposição do respeito à identidade do material genético original. Não se cria nada; apenas se combina o material previamente existente. Entretanto, quando hoje se fala em transmissão da vida humana em laboratório, não se pode ficar restrito ao básico, pois, paralelamente, vão surgindo outros procedimentos que se propõem reconfigurar e repaginar o material primário, que são óvulos e espermatozoides. O primeiro passo consiste em escolher o sexo (*sexagem*); o segundo consiste na busca da melhoria da espécie (eugenia); o terceiro, em combinar material genético de espécies diferentes (transgenia).

Desde há muito sabe-se que a fecundação humana se dá no encontro de um espermatozoide com um óvulo. O processo de *sexagem* é teoricamente simples, uma vez que quem determina o sexo é o homem: enquanto o óvulo da mulher carrega consigo somente a caracterização x, designativo do sexo feminino, nos milhões de espermatozoides masculinos encontra-se tanto a caracterização y quanto x. Ou seja: basta escolher o espermatozoide portador da carga desejada para determinar o sexo do descendente esperado. Mas, como numa única ejaculação o homem emite milhões de espermatozoides, a dificuldade prática encontra-se em selecionar um que seja adequado.

A frequência com a qual, nas linhas acima, aparecem palavras que designam seleção já sugere que, com os avanços dos conhecimentos genéticos e das tecnologias, ressurge uma velha preocupação dos seres humanos referentes à melhoria da espécie. Esta preocupação, já presente em Platão entre os espartanos, nas utopias de Campanella e de Tomás Moro, tiveram uma retomada mais sistemática na década de 1930 nos Estados Unidos. As fortes marcas deixadas pela ideologia nazista na busca de uma super-raça fez estas buscas arrefecerem por algumas décadas. Entretanto, na exata medida em que se instauraram os laboratórios de reprodução assistida, não se poderia esperar outra coisa: as preocupações eugênicas reaparecem, embora de maneira muito sutil. A ideologia de fundo é muito clara: neste mundo só deveria haver lugar para pessoas perfeitas, ou ao menos dever-se-ia evitar que nascessem pessoas deficientes. Teoricamente pode-se distinguir entre uma eugenia positiva, também denominada de *eugenesia,* e uma eugenia negativa. No primeiro caso tomam-se medidas preventivas. Entre essas medidas pode ser lembrado um criterioso aconselhamento genético, que impediria a procriação em certos casos. Caberia aqui ainda sinalizar que certas anomalias poderiam ser evitadas, mesmo após a concepção, através da adição ou subtração de certas substâncias. A eugenia no seu sentido negativo é sempre aquela que, de maneira autoritária, visa impedir a concepção ou o nascimento de portadores de deficiências mais ou menos acentuadas. De qualquer forma, neste contexto da reprodução assistida não se pode deixar de perceber que a tentação da eugenia se encontra mais presente do que nunca.

3. Transgenia

Entre as questões mais discutidas nos últimos tempos encontra-se, certamente, a questão dos transgênicos. As grandes discussões giram em torno de duas perguntas não devidamente respondidas. A primeira diz respeito às eventuais repercussões negativas sobre a saúde dos consumidores. Por mais que as empresas multinacionais responsáveis pela produção e comercialização dos transgênicos afirmem haver pesquisado, há fortes dúvidas sobre a veracidade dos fatos. E de qualquer forma, para ser considerado como seguro, qualquer resultado de pesquisa requer um largo espaço de tempo de experimentação, o que não é o caso. Os efeitos deletérios podem demorar a se manifestar. O que vem questionado no caso não são as pesquisas, mas exatamente a insuficiência delas antes de os produtos serem lançados no mercado.

Quando se trata de produtos geneticamente modificados, a segunda interrogação não respondida diz respeito à eventual contaminação do meio ambiente. Aqui entram em questão os denominados genes saltitantes. Genes são tudo menos objetos estáticos. São segmentos de material genético que se caracterizam exatamente como aqueles que articulam os procedimentos necessários para a vida se desenvolver e prosseguir sua trajetória. Eles não se articulam somente entre si, mas também com o meio ambiente. Como, mesmo ao interno de um organismo, eles mudam de posição, o risco de genes modificados contaminarem os da mesma ou de outras espécies é real.

Embora quando se fala de transgenia se pense em primeiro lugar em produtos alimentícios, é preciso ter claro que a transgenia vai muito além. Os procedimentos técnicos são basicamente os mesmos: transferir o núcleo de uma célula de um ser vivo para o vazio de núcleo de outra célula, dando-se assim origem a uma cópia do doador da célula. Quando o processo é provocado dentro de uma mesma espécie, teríamos o que se denomina de clonagem. Quando, ainda dentro de uma mesma espécie se conjugam clonagem com partenogênese, ou seja, a fecundação de um óvulo através da transferência de núcleo de outro óvulo, se teria um ser totalmente feminino, completamente destituído do aporte masculino. Entretanto, o que caracteriza a transgenia é exatamente a mesma operação, só que entre núcleos de espécies diferentes. Em termos de plantas e animais estas transgenias já são um fato. Embora ainda não comprovadas, existiram experiências de laboratório em termos de transgenia entre material genético humano e animal. Através da transgenia, como a própria palavra sugere, quebra-se a barreira das espécies. As razões apresentadas para tais procedimentos apontam em primeiro lugar para a busca de órgãos mais resistentes e com menos índice de rejeição para transplantes; em segundo lugar apontam para a criação de espécies completamente novas de seres, que nunca existiriam como fruto de evolução espontânea.

V
Qualidade de vida: loteria genética ou produto empresarial?

A expressão qualidade de vida é recente, mas a preocupação mais sistemática com ela é bem antiga, remetendo ao menos aos finais do século XIX, quando foram organizados os primeiros serviços sociais de saúde. De lá para cá estas preocupações vão num crescendo até se tornarem uma espécie de razão primeira de todos os esforços das pessoas e das sociedades. Não apenas se quer viver mais, como se quer viver melhor. Concretamente isto significa buscar, por todos os meios, uma vida que se julga saudável, desde seu início até o final.

Foi aproveitando-se destas aspirações crescentes que verdadeiras empresas de saúde passaram a se organizar, a vender serviços e a ampliar seu mercado como qualquer empresa. Associadas às indústrias farmacêuticas, cada vez mais poderosas, e associadas à produção de aparelhos cada vez mais sofisticados, empresas de saúde foram se tornando cada vez mais florescentes. O acelerado desenvolvimento nos campos da genética e das biotecnologias veio fortalecer ainda mais estes empreendimentos altamente lucrativos. O contraponto vem sendo estabelecido por uma consciência desdobrada em dupla vertente. Na primeira, vai emergindo a consciência de que não existe vida verdadeiramente saudável fora do contexto de uma sociedade saudável. Na segunda, mais específica, fica claro que não haverá vida nem sociedade saudáveis sem políticas públicas adequadas e que sejam fruto de uma conquista popular.

1. A relativa importância dos genes

Indiscutivelmente está em curso uma revolução genética. Tanto na linha dos conhecimentos quanto na linha dos procedimentos, os genes encontram-se no centro das atenções de todos. Os progressos feitos ao longo do século passado, e sobretudo nos últimos 15 anos, fazem com que não se consiga mais raciocinar nem produzir, como se os genes não existissem. Uma série de palavras que conjugam genes com vida lembram a centralidade dos genes na vida de hoje: genética, genoma, genômica, biogenética, transgenia, engenharia genética, reprodução assistida, clonagem, biopolítica, biodireito, biossegurança, bioinformática... Esta centralidade aponta em primeiro lugar para a força decisiva que os genes teriam na determinação do presente e do futuro de uma pessoa em termos de expectativas e qualidade de vida. Mas a centralidade aponta também para as perspectivas de cura de certas doenças que remeteriam para o código genético. Portanto, tanto numa linha preditiva quanto curativa, a genética assume hoje simultaneamente o papel de fada benfazeja e de bruxa. A força da mídia se encarrega de criar certezas nunca vistas, seja na linha de diagnósticos, seja na de prognósticos. E não há por que não reconhecer que a genética não é apenas uma das ciências que mais evoluiu nos últimos tempos, como também que sobre ela repousam fundadas esperanças de melhoria das condições de saúde e de vida.

Contudo, convém lembrar aqui que, bem poucas décadas atrás, as mesmas afirmações categóricas apontavam para a psicologia, mormente do profundo, para as estruturas econômicas e sociais. Antes, tudo era psicológico; depois, tudo era social; agora, tudo seria genético. É verdade que a ideia de que haveria um único gene responsável por um tipo de doença genética está dando sempre mais lugar a uma compreensão mais ampla de famílias de genes, que atuam em diferentes direções. De qualquer forma, o organismo humano é composto por tecidos e órgãos, sustentados por trilhões de células comportando bilhões de bases químicas e milhares de genes, que não apenas agem, como também interagem interna e externamente. Consequentemente, quando se fala em saúde e doença, está-se falando de milhões de componentes. Se é verdade que numa primeira fase eles apresentam um peso preponderante, é também verdade que, com o desenrolar da vida, saúde e doença apontam sempre mais na direção de bons ou então maus hábitos de vida. Isto significa, concretamente, não apenas dispor de condições básicas favoráveis na alimentação, habitação, higiene, como sobretudo nas opções de vida.

Mas há ainda outros fatores, não genéticos e nem materiais, que atuam sobre as pessoas, criando condições favoráveis ou desfavoráveis para uma boa qualidade de vida. Estes fatores podem ser agrupados em torno de uma palavra: relacionamento. Por si mesmos os genes, antes de serem matéria palpável e mensurável, são um complexo de informações que irão dar origem a esta matéria. Ou seja: eles sugerem que a vida sempre se constitui numa espécie de rede que admite muitas conexões. Em se tratando de seres vivos, e sobretudo de seres humanos, estas conexões apontam na direção de outros seres vivos. No caso específico dos humanos, eles são constituídos de tal forma que só vivem com qualidade de vida na medida em que com-vivem. Em outros termos: os seres humanos são ao mesmo tempo geradores e receptores de sentimentos e de emoções positivas ou negativas, que vão incidir de maneira mais ou menos profunda sobre seu estado geral. Ademais há todo um universo que atua sobre o corpo e a mente dos seres humanos: é o universo religioso, com profundo impacto sobre o estado de saúde das pessoas e até mesmo das sociedades

2. O futuro da economia: empresas de saúde e empresas biotecnológicas

A organização empresarial tornou-se uma necessidade na exata medida em que os seres humanos foram se constituindo em sociedades. E, quanto mais desenvolvidas, estas sociedades foram se tornando mais complexas, exigindo uma organização sempre mais aprimorada. Por isso mesmo não causa estranheza o fato de se constituírem empresas de saúde, e que estas, como empresas, têm que arrecadar recursos para atender às ingentes necessidades de uma população cada vez mais numerosa. O problema começa a existir quando as estruturas se burocratizam de tal forma que se distanciam sempre mais das pessoas, transformando-as em clientes, ou até mesmo em produtos. Neste sentido, já na década de 1970, houve quem alertasse para um fenômeno que poderia ser denominado de contraprodutividade global, ou seja: até parece que, quanto mais se investe na saúde e mais avança a medicina, mais crescem os males a ser combatidos (ILICH, 1971).

Os efeitos negativos da medicina podem ser avaliados em três níveis: o clínico, o social e o estrutural. No nível clínico vamos encontrar erros médicos, doenças contraídas em hospitais e efeitos colaterais de medicamentos. No nível social, o *marketing* referente aos cuidados com a saúde vai gerar uma sociedade mórbida, que se sente compelida a comprar medicamentos como se sente compelida a comprar qualquer outro artigo de consumo. Mas o que é pior é o enquadramento de todas as pessoas dentro de alguma categoria que exige cuidados especiais: gestantes, recém-nascidos, crianças, adultos, anciãos... Na mesma linha, um *marketing* poderoso vai ressaltar a necessidade de uma medicina preventiva, com *check-ups* periódicos, de tal forma que as pessoas doentes ou sadias se transformam em pacientes crônicos e permanentes: como um carro, assim também as pessoas devem, de quando em quando, ser levadas à oficina para alguns reparos. Como reflexo dos dois primeiros níveis, o clínico e o social, vamos deparar-nos sempre mais com uma estrutura médica que se propõe oferecer o impossível aos clientes: que não sintam dor, que não sofram, que não morram. Em consequência, vai se transmitindo a impressão de que não cabe mais às pessoas em primeiro lugar o cuidado por sua própria saúde: as empresas cuidarão de tudo. Com isso as pessoas acabam sendo vítimas dos denominados progressos da medicina.

Todo este processo foi como que um pequeno ensaio daquilo que estaria por vir: as empresas de biotecnologia agem não apenas com maior sofisticação tecnológica, mas também mercadológica. Novamente é preciso notar que as empresas biotecnológicas são uma decorrência lógica da fase evolutiva da sociedade, dos conhecimentos e do poder de interferência no plano genético. De fato, as várias biotecnologias estão criando um novo recurso primário da atividade econômica. A Revolução Industrial vai sendo ao mesmo tempo reforçada e substituída pela revolução bioindustrial, onde bactérias e micróbios se transformam em escravos biológicos. Nesta fase a matéria-prima vai se distanciando rapidamente dos recursos ditos naturais, já em vias de esgotamento, para ir dando lugar aos recursos biológicos. E aqui os genes se transformam em verdadeiros reservatórios de materiais de produção de novos produtos, através de matéria-prima indefinidamente renovável.

Assim já se vislumbram ao menos três linhas mestras de uma nova economia baseada na biotecnologia: a da nova produtividade, a da comercialização e a da adoção incondicional por parte de todos. Assim se compreende que gigantescas empresas que têm como matéria-prima a vida agitam mercados biotecnológicos não apenas emergentes, mas já solidamente implantados, inclusive no Brasil. As empresas de biotecnologia não restringem sua atividade apenas à agroindústria, produzindo bens de consumo humano na área da nutrição; elas também investem decididamente na indústria da produção de novos seres, pretensamente livres de defeitos e mais perfeitos do que os atuais. Através da manipulação genética pensa-se oferecer a todos uma qualidade de vida nunca dantes vista.

3. Qualidade de vida: mais conquista do que herança genética

Pelo que vimos acima, até mesmo de um ponto de vista estritamente genético, quando se trata de vida só existe um paradigma apropriado: o da complexidade. Com efeito, os próprios genes, antes mesmo de se manifestarem como matéria, apresentam-se como um conjunto de informações destinadas a articular uma multiplicidade de elementos. Com isto evidencia-se que os genes não podem ser compreendidos neles mesmos, mas enquanto interagem tanto interna quanto externamente. Ou seja, os genes não se constituem num mundo à parte: são mundos que se articulam com outros mundos. Assim os genes remetem para os cromossomos, os cromossomos remetem para o núcleo das células, o núcleo das células é constituído por bilhões de bases químicas. Por isso mesmo, em vez de se comparar os genes com soldadinhos de chumbo, destinados a cumprir certas funções, talvez seja melhor compará-los com ilhas flutuantes que nadam num imenso mar, onde tudo se encontra conectado com tudo.

Mas esta imagem é ainda inadequada, pois não dá a entender que este mar de elementos genéticos se encontra rodeado por continentes, que constituem a terra, que, por sua vez, se encontra num sistema solar, que por sua vez remete para uma infinidade de galáxias... Dito de outra forma, o peso dos genes em relação à qualidade de vida é muito relativo. De fato, são muitos os fatores que incidem sobre todas as formas de vida. A vida se manifesta como num caleidoscópio, com muitas cores e tonalidades diferentes. Assim, no caso da vida humana, além dos componentes genéticos e o meio ambiente, sempre nos deparamos com múltiplos outros componentes: biológicos, psicológicos, afetivos, sociais, econômicos, religiosos... Por isso mesmo, tanto do ponto de vista pessoal quanto social, sem negligenciar a herança genética, cumpre ressaltar que a qualidade de vida remete para um constante empenho pessoal e social.

Sob o prisma pessoal vão merecer destaque não apenas os hábitos alimentares e sociais, mas também o que se poderia denominar de cultivo da personalidade. A grande luta de todo ser humano é encontrar um sentido para sua vida, encontrar seu lugar ao sol, ao mesmo tempo que encontra sentido para todas as outras formas de vida e deixa um lugar ao sol para elas. Todas estas são articulações difíceis e sempre inacabadas, que só vão atingir sua expressão mais acabada quando cada pessoa for entendida dentro de um contexto sócio-econômico-político-religioso-cultural. Em outros termos, qualidade pessoal de vida tem tudo a ver com qualidade social de vida. E é nesta altura que, ao lado de estruturas de sociedade, vão pesar na qualidade de vida políticas adequadas ou não de saúde pública: Quais são efetivamente as prioridades de uma determinada política de saúde? Quais são as verbas que se destinam a pesquisas mais sofisticadas e quais as que se destinam à saúde pública? Quais são os investimentos feitos para o saneamento básico? Qual o nível de satisfação profissional, intelectual e social? Uma coisa parece certa: é utopia pensar em qualidade de vida numa sociedade onde grande parte da população vive em estado crônico de doença e onde indústrias farmacêuticas e laboratórios de biotecnologia partilham seus lucros com o sistema bancário.

VI
Bioética em chave sociopolítica

Ainda que desejássemos tomar distância do sensacionalismo que costuma marcar o grande público, não temos como fugir à constatação de que as viradas de século e do milênio nos proporcionaram uma série de "viradas históricas". Tanto em termos estritamente científicos quanto em termos de fatos, os cenários são alterados com uma velocidade estonteante, particularmente no que diz respeito à genética e à biotecnologia. É neste horizonte que se entende a ansiedade com a qual os olhares se voltam para a ética, numa dupla vertente: a da bioética e a da ética numa perspectiva de libertação. É verdade que a ética numa perspectiva de libertação perdeu em termos de visibilidade, mas certamente não perdeu em termos de atualidade. A bioética que não assume a inclusão social está destinada a tornar-se uma espécie de passatempo que só interessa a intelectuais não comprometidos com a realidade social.

Para melhor avaliar o alcance desse tipo de leitura em termos de bioética, talvez seja interessante contextualizar sucessivamente tanto bioética quanto a ética numa perspectiva de libertação. Através desta contextualização deverão ficar claras, tanto as dificuldades de uma tal articulação quanto as vantagens. Uma vez dados esses dois passos, vamos perceber melhor por que não será uma bioética pensada em gabinetes que irá ajudar no discernimento entre processos humanizadores e desumanizadores. E, da mesma forma, os dois passos irão revelar que uma ética em perspectiva de libertação, que não se debruce sobre os problemas relacionados com a qualidade de vida, no seu sentido mais amplo e profundo da expressão, também não irá contribuir muito para mudanças em nossa sociedade. Ao que tudo indica, é na conjugação de pesquisas em laboratório e nova consciência social que se poderão esperar avanços significativos em termos de vida e saúde.

1. Bioética: contexto e fatores determinantes

A bioética é uma vertente bastante recente da ética. Por isso mesmo não causa espanto o fato de ela se considerar ainda embrionária e mais carregada de ricas interrogações do que de certezas acabadas. Por isso também não causa estranheza que já se possam entrever os contornos de várias escolas de bioética, ora com traços complementares, ora com traços antagônicos. Entretanto, como ocorreu em outros campos do saber humano, também a bioética não surgiu de improviso: há marcos que a precedem e, sobretudo, todo um contexto imediato que a cerca. É este contexto e são estes marcos que deverão ser sinalizados antes de mais nada.

Poderíamos destacar alguns marcos que influíram e continuam a influir sobre a bioética. No horizonte imediato encontram-se os rápidos avanços das ciências biológicas e biomédicas. Encontramo-nos diante de uma autêntica "revolução científica e biológica", e esta se constitui num primeiro marco. Ao lado dos avanços no campo biomédico, porém, não se podem esquecer os avanços em termos de uma nova consciência dos direitos humanos. Sem o substrato desta nova consciência, dificilmente a bioética se teria firmado tão sólida e rapidamente. Por outro lado, para preservar o ser humano em meio às experiências de laboratório, era urgente encontrar caminhos para um amplo diálogo a partir de grandes princípios universais. Os novos paradigmas deveriam ser buscados no horizonte de uma nova racionalidade que fosse além do juridismo deontológico, e ficasse aquém do teologismo. Só desta forma a ética poderia adquirir credibilidade e aceitação mais universais.

Os avanços da biotecnologia fizeram perceber que já não bastava cultivar um "instinto de sobrevivência", mas era preciso criar uma verdadeira "ciência da sobrevivência". A bioética, originada neste clima de quase emergência, assumiu rapidamente assim alguns postulados, que lhe dão uma fisionomia própria. O primeiro deles parte da constatação de que, diante da amplitude e complexidade dos novos problemas, a antiga ética médica, apesar de todos os seus méritos, já não poderia responder satisfatoriamente aos desafios. Seria preciso estender sua abrangência, aprofundar sua racionalidade, criar nova metodologia. O alargamento dos horizontes seria efetivado por uma visão holística, que apreende a vida em todas as suas formas. A circularidade dos processos vitais, profundamente interpenetrados, porém, é ameaçada de imediato pelo pragmatismo que comanda as sociedades industriais. A novidade e multiplicidade das questões, a fragmentação dos saberes, proveniente das especialidades e subespecialidades, mostram a urgência de se buscar uma nova racionalidade, desta vez fundada sobre o paradigma da interdisciplinaridade. A construção de uma nova racionalidade, porém, não é fruto espontâneo da interdisciplinaridade. Ela passa forçosamente por três momentos: o epistemológico, que examina o fato biomédico; o antropológico, que analisa as repercussões sobre o ser humano, inserido no seu contexto; o aplicativo, com as possíveis saídas éticas para as questões. Este processo, realmente novo como metodologia, pode ser exigente e demorado, mas é imperativo diante de uma ética que já não dispõe de soluções adequadas e convincentes às novas exigências.

2. Implicações de uma perspectiva latino-americana

Quando se tenta um paralelo entre bioética e Ética da Libertação, apresentam-se logo algumas coincidências: marco inicial através de um livro, objetivo geral de salvar a vida; originalidade tanto de conteúdos quanto sobretudo de métodos; impacto sobre o grande público, considerável acervo de saberes, consignados em livros e revistas especializados; consciência de uma certa provisoriedade de suas abordagens. Contudo, por mais impressionantes que pareçam as coincidências, profundas são também as diferenças que irão estabelecer certas divergências significativas, embora não forçosamente excludentes. A primeira delas vem estabelecida pelo "lugar social", que propicia uma leitura diferente da realidade. Enquanto a bioética nasce e tem seus primeiros desdobramentos no sofisticado e bem provido Primeiro Mundo da *High Tech*, e mais precisamente na América do Norte, a Ética da Libertação nasce e vive num contexto de miséria e opressão, pobre em todo tipo de recursos. Uma segunda diferença vem estabelecida pela busca da *racionalidade própria*. Ainda que a interdisciplinaridade seja pressuposta por ambas, para a Ética da Libertação a racionalidade é fundada no evangelho anunciado a todos, mas *a partir dos mais empobrecidos*. Com isso já se estabelece uma distância entre as preocupações, os objetivos mais específicos e as diretrizes para alcançá-los. E é aqui que emerge a terceira grande diferença.

Não julgamos necessário descrever a realidade latino-americana, marcada por desigualdades palpáveis. Mas como estas se constituem no lugar social, convém ressaltar a existência de vários tipos de leitura e que se constituem no primeiro traço significativo da metodologia da Ética da Libertação. Com efeito, uma é a leitura empírica, feita a olho nu, e que aponta para o assistencialismo como caminho de solução dos problemas; outra é a leitura funcionalista, que percebe os problemas com mais abrangência, mas, por não chegar à raiz deles, contenta-se com um reformismo intrassistêmico; outra é a leitura social-dialética, que, por detectar a raiz histórica mais profunda no sistema capitalista de produção, gerenciado por mecanismos de dependência, vê nas transformações "audazes e inovadoras" a única maneira de superar as desigualdades de cunho estrutural. Este tipo de compreensão, que pede a mediação das ciências do social, de cunho crítico, evidencia uma realidade acentuadamente conflitiva, porque provocada por estruturas injustas.

A leitura e a interpretação da realidade, contudo, são apenas um primeiro passo na metodologia da libertação. Nascida e desenvolvida num contexto de uma Igreja identificada com os sofrimentos e as aspirações de um povo empobrecido, mas ao mesmo tempo impregnado de fé, a Teologia e a Ética da Libertação só se compreendem como tais a partir de uma hermenêutica do patrimônio da fé numa ótica dos empobrecidos. Certa de que os pobres são os prediletos de Deus, e por isto se constituem no tesouro da Igreja, esta reflexão assume conscientemente uma hermenêutica que à primeira vista pode parecer parcial, mas que se revela como caminho privilegiado para a humanização de todos. Pois, a partir desta hermenêutica, os empobrecidos e excluídos da história passam a ser vistos como sujeitos de uma nova história a ser construída. É também a partir deste segundo momento que se verifica uma nova escala de valores e de prioridades. É ainda a partir daí que se impõem não apenas novas abordagens teóricas, mas sobretudo novas práticas sociais.

3. Três pontos de interrogação

Vinda da periferia, a Teologia da Libertação não poderia deixar de surpreender os centros de reflexão e de decisão, tanto eclesiais quanto sociais. Em termos eclesiais, pela primeira vez a América Latina trazia práticas e reflexões inquietantes e inovadoras. Em termos sociais, pela primeira vez a teologia assustou até o Pentágono. Mas assustou particularmente os truculentos regimes de Segurança Nacional, estabelecidos para manter o *status quo* político, econômico e social de toda a área. É no nível de sociedade que a assertiva acima pode parecer mais surpreendente. Com certeza, nem a Teologia da Libertação, nem as práticas correspondentes têm a ousadia de medir forças com os mecanismos sociais. Contudo, se importunam a esfera dos vários poderes, é porque revelam uma força estranha e paradoxal: *a força das massas empobrecidas, quando mobilizadas pelo Evangelho.* Os movimentos de libertação trouxeram para dentro de uma sociedade tranquilamente adormecida sobre as desigualdades sociais a incômoda presença de milhões de "não homens" e "não mulheres" reivindicando seu lugar. Mesmo num plano científico, o prisma social crítico, empunhado pelos movimentos de libertação, provocou verdadeiras reviravoltas. Basta pensar na medicina alternativa. É toda uma nova maneira de conceber os problemas relacionados com a saúde. Esta não é nem fruto de uma loteria da vida, nem de medicamentos com poderes mágicos. Evidentemente que tudo isto também provocou um distanciamento entre a bioética e a Ética da Libertação, ao menos em seus primórdios: são duas concepções diferentes de vida.

Nesta altura emerge uma segunda interrogação, desta vez relacionada com a eficácia do Direito e dos princípios. Ninguém ousaria negar o valor dos códigos de ética e, muito menos, dos grandes princípios que marcaram a bioética desde seus inícios. Tanto os códigos quanto os princípios representam uma tentativa de dar suporte jurídico e ético aos esforços em favor da promoção e preservação da vida. Entretanto, justamente no contexto de Terceiro Mundo, percebe-se, com muita clareza, que ética e direito positivo nem sempre coincidem. Percebe-se ainda que as mais retumbantes proclamações nem sempre chegam a efeitos práticos. O voluntarismo, subjacente a tudo isto, constitui-se, ao mesmo tempo, numa das maiores ilusões e num dos maiores tropeços para mudanças sociais efetivas. Afinal, basta perguntar-se pelo lugar social de quem legisla, codifica, promulga e pelos interesses subjacentes, para as primeiras suspeitas fundadas virem à tona. Nem mesmo os vários códigos éticos referentes à medicina, a começar pelo atribuído a Hipócrates, saem ilesos, se lidos e interpretados com alguma malícia. Já os gregos haviam percebido a distinção entre motivação profunda e simples legislação. Distinguiam entre *physis e nomos*. O *nomos*, a lei, é um mal necessário devido ao estado de decadência no qual se encontram os seres humanos. Mas o *nomos* perde sua força se não for sustentado pela *physis*, ou seja, aquela força que se esconde por trás das normas. É o *ethos*, a fonte oculta, mas borbulhante que dá suporte à identidade profunda de todos os seres. A humanidade só se mantém como tal se for capaz de ouvir a si mesma neste nível de profundidade. Por isso mesmo, dentro da autonomia que é própria de cada campo do saber humano, evidencia-se aqui que a bioética necessita de um diálogo profundo com a teologia: o discurso no horizonte da transcendência, a única capaz de, em última análise, dar sustentação efetiva aos princípios.

Uma terceira interrogação aponta para a biotecnologia e a função dos laboratórios. Sem dúvida, a biotecnologia pode prestar e efetivamente presta inestimáveis serviços à vida. Basta pensar na produção de alimentos e de outros componentes, mesmo bioquímicos. Sobretudo, ela pode ser olhada com muita esperança, quando trabalha numa linha corretiva, ainda que ao nível genético. Os problemas maiores se colocam numa linha prospectiva, que altere profundamente a estrutura básica dos seres, mormente dos seres humanos. Mas os laboratórios e as biotecnologias não são neutros. Numa perspectiva latino-americana, eles se defrontam com ao menos dois questionamentos. O primeiro é constituído pela paradoxal e inegável distância entre as propaladas conquistas pró-vida e os números contundentes da crescente miséria. O que está em jogo não é a tecnologia: são as loucuras do poder econômico, político e tecnológico, que canaliza todos os bens para os já bem aquinhoados. O segundo grande questionamento pode parecer mais sutil, mas não será menos contundente: é o de onde se localiza a utopia de uma nova humanidade. Para uns já seria tarde alimentar esperanças numa linha convencional de mudanças operadas a partir de investimentos religiosos, políticos, educacionais, econômicos. É uma confissão de desespero. Para a Ética da Libertação, porém, é justamente neste nível que a necessária utopia deve ser alimentada. As soluções devem ser buscadas e poderão ser encontradas, não num nível pragmático, e sim num nível de uma prática libertadora, envolvendo todas as múltiplas dimensões do humano. Longe da bioética, os laboratórios seguramente conduzirão à desumanização. Longe da Ética da Libertação, irão contribuir para aumentar ainda mais as desigualdades e o desespero das multidões empobrecidas.

A questão, já presente desde o início, mas que agora deve ser colocada de modo explícito, é esta: Até que ponto se pode evocar uma perspectiva latino-americana em bioética? A busca de uma resposta adequada nos leva a recordar que a Ética da Libertação, como vimos acima, apresenta pressupostos, critérios e procedimentos metodológicos próprios. Mas se quisermos acentuar uma das características, então devemos dizer que ela aponta para as práticas que brotam de uma mundividência. É nesta altura que surge a primeira polarização entre bioética e Ética da Libertação: Qual é a mundividência que orienta os passos de cada uma? Como anotamos acima, as duas nascem e se firmam em contextos muito diferentes. Enquanto num se vive em meio à abundância, e mesmo no desperdício, noutro apenas se vegeta, uma vez que não são atendidas nem as necessidades básicas. É neste contexto que se coloca uma segunda polarização em termos da alteridade como critério fundamental e englobante da bioética. A alteridade não exclui a trilogia "beneficência-autonomia-justiça", mas seguramente a interpreta em outra chave. O que ela exclui é a "mesmidade" de relativamente pequenos setores privilegiados da população, em detrimento do "outro", representado pela massa dos excluídos. A inclusão dos excluídos altera certamente de modo significativo os roteiros da bioética, em termos de conteúdos, metodologia, critérios e sobretudo de soluções práticas. Com isso tudo fica evidenciado que existe uma perspectiva latino-americana de bioética. E mais: com esta perspectiva, a bioética, inicialmente marcada pelo lugar social do Primeiro Mundo, poderá realmente ajudar a promover a vida de todos em todos os outros mundos. Felizmente, sobretudo em termos de Brasil e América Latina, foram dados grandes passos, de tal forma que o que inicialmente parecia muito difícil hoje já é uma realidade: para todos o grande teste de autenticidade da bioética é o da inclusão social.

VII
Biotecnologia e biodiversidade: os riscos da padronização

A ecologia diz respeito ao meio ambiente, ou seja, a todos os seres vivos com os quais convivemos. Oficialmente, as preocupações com o meio ambiente remetem para meados do século XIX, quando começaram a aparecer os primeiros efeitos negativos da industrialização. Foi sobretudo a partir dos anos de 1970 que a ecologia passou a tornar-se uma preocupação sempre maior e a ser enfocada como problema eminentemente ético, no sentido de distinguir entre modos adequados e inadequados de os seres humanos se relacionarem com os outros seres vivos. Com isso, logo a seguir, emergem muitas outras dimensões nas quais transparece a preocupação em situar a ecologia numa visão totalizante e planetária, que normalmente vem associada à palavra holística, ou seja, que abrange o todo da vida e a vida em todas as suas formas. Hoje o centro das preocupações ecológicas prende-se às ameaças contra a biodiversidade, com o consequente risco de desaparição de muitas espécies de plantas e animais. Neste sentido, para perceber mais claramente as ameaças e perspectivas de superação, convém, antes de mais nada, resgatar algumas linhas mestras que orientaram as reflexões éticas e ecológicas nestas últimas três décadas.

Uma vez estabelecido o quadro de fundo, é preciso chegar ao cerne da questão: as maiores ameaças à biodiversidade apontam hoje numa direção específica: aquela que provém do poder incomparável ligado à biotecnologia. Se aos poucos a atenção passou da ameaça ao azul dos nossos céus e ao verde de nossas florestas para os desastrosos efeitos dos modos de produção capitalista, agora é preciso defrontar-se com outra ameaça, bem mais profunda ainda: aquela de se interferir diretamente nos mecanismos da vida. À medida que a biotecnologia, comandada por empresas com nítidos interesses econômicos, avança rapidamente para o cerne de todas as formas de vida, impõem-se novas estratégias para a preservação e promoção da vida. Para entender isto, convém resgatar a caminhada da biotecnologia nestes últimos decênios.

Entretanto, o ponto central das preocupações assinaladas no título biodiversidade tem tudo a ver com a questão da clonagem. Desde o aparecimento da ovelha Dolly, em 1997, clonagem transformou-se numa espécie de senha para se poder entrar na compreensão já não da revolução tecnológica, mas biotecnológica. Clonar plantas, clonar células, clonar mamíferos... tornou-se uma espécie de obsessão. Hoje se fala em clonar tudo, inclusive em nível humano, como se isto fosse um ganho. Ademais, ainda que, por ora, quase todos julguem loucura tentar uma clonagem humana reprodutiva, são sempre mais numerosos os partidários de uma clonagem denominada terapêutica, com a possibilidade de regeneração e eventual produção de órgãos em série. E parece ser justamente aqui, na inocente palavra *terapêutica,* que se revela a maior ambiguidade do momento tecnológico atual.

1. Ecologia: uma nova consciência emerge da poluição

A vida moderna se tornaria inviável e incompreensível sem as máquinas. Trens, navios, tratores, automóveis, ônibus, caminhões, aviões, luz elétrica, telefonia, informática... fazem parte de nossa paisagem e se tornaram elementos indispensáveis. Sempre se exaltam com razão os benefícios daí advindos, sobretudo na linha da produção e da comunicação. Entretanto, a Revolução Industrial, com todos os seus desdobramentos, trouxe igualmente uma contrapartida, que foi se manifestando aos poucos, mas de maneira crescente e cada vez mais assustadora. Esta contrapartida se traduz em termos de ruído, poluição, contaminação, destruição e outros semelhantes. Inicialmente os reflexos negativos começaram a ser percebidos pelos estragos que causavam. Mas, logo em seguida, os estragos produzidos foram entendidos como manifestações de modos de produção inadequados. Num terceiro momento se começou a perceber que os problemas ecológicos não podem ser devidamente compreendidos e enfrentados sem que se aponte para a dimensão ética, ou seja, para as posturas humanas.

Os efeitos deletérios da industrialização são facilmente visíveis, perceptíveis e audíveis: desertificação, poluição do ar, poluição das águas, desconfortos ao nível auditivo, ocular, respiratório... Sobre cada um destes prismas dispomos hoje de dados alarmantes e amplamente divulgados. Publicações e conferências sobre meio ambiente encontram-se há decênios na ordem do dia. Por isso mesmo não vem ao caso apresentar aqui dados numéricos, já muito conhecidos. Por outro lado, ainda que, ao menos no contexto de regiões e países mais desenvolvidos, o choque das constatações tenha levado medidas mais ou menos adequadas para remediar e prevenir males maiores, uma simples observação faz perceber que serão necessários muito mais investimentos e muito mais tempo só para reparar os males já causados. É que a questão ecológica não remete para uma realidade estática, mas justamente para uma realidade dinâmica. O crescimento da capacidade de produção, através de máquinas cada vez mais sofisticadas vai ampliando e aprofundando ainda mais os efeitos negativos.

Entretanto, a observação isolada dos efeitos negativos sobre o meio ambiente não apenas é superficial, como incapaz de gerar qualquer ação eficaz. Esta observação leva, no máximo, a manifestações de caráter mais ou menos sentimental, como são aquelas dos manifestos e passeatas de caráter ecológico. Ainda que possam representar um primeiro passo, manifestos e passeatas só se transformarão em gestos eficazes na medida em que tiverem como pano de fundo os modos de produção capitalista, que se caracterizam pela busca do máximo lucro com o mínimo de investimentos. Pois, efetivamente, é a exploração das pessoas, conjugada com a exploração das coisas, que se esconde por trás dos males ecológicos: estes últimos não passam de reflexos de mecanismos de caráter eminentemente extrativista.

Contudo, a raiz dos males não se encontra simplesmente em modos de produção, uma vez que estes remetem para maneiras de ser e de se entender dos seres humanos. Com efeito, por trás dos modos de produção inadequados se escondem mentalidades errôneas, e por trás de mentalidades errôneas se escondem concepções de vida completamente distorcidas. As mentalidades se traduzem por uma consciência de poder, segundo a qual caberia aos seres humanos dominar as demais criaturas. A consciência de poder, por sua vez, esconde uma concepção errônea do papel que seria confiado aos seres humanos, entendidos como senhores e, portanto, com o direito de agir como bem entendessem. Hoje, diante das verdadeiras catástrofes ecológicas e após várias décadas de reflexão sobre questões ecológicas, chega-se à nítida percepção de que só haverá a possibilidade de um passo para frente se for dado um passo para trás. Isto, em termos teológicos, significa um verdadeiro processo de conversão na maneira de pensar, de ser e de agir. A conversão não aponta para uma volta atrás, em termos de progresso, mas uma volta atrás em termos de concepção de vida. Concretamente, se quiserem remediar os males agora já existentes e prevenir novos, os seres humanos deverão deixar de se considerar senhores para passar à condição de irmãos e irmãs uns dos outros e de todas as demais criaturas. Esta conversão torna-se tanto mais urgente quanto mais o mero avanço tecnológico se transformou em revolução biotecnológica, com um acervo incrível de novos conhecimentos e com um acervo incrível de novos instrumentos para intervir nos segredos mais profundos da vida.

2. Biotecnologia: tocando os segredos da vida

Há uma série de palavras novas e difíceis, mas que hoje já se encontram até na boca do povo mais simples: gene, genética, genoma, biogenética, reprodução assistida, clonagem, sexagem (escolha do sexo), células-tronco, biossegurança, alimentos transgênicos... e assim por diante. É verdade que talvez nem todas as pessoas que utilizam estas palavras entendam seu significado mais profundo, mas elas as repetem com a mesma facilidade com que repetem os nomes de seus heróis no campo dos esportes... De alguma forma todas estas pessoas se sentem como que pessoalmente envolvidas num momento histórico sem precedentes. Inúmeras conquistas, diariamente noticiadas, abrem expectativas por vezes carregadas de ilusões, como se já fôssemos todos detentores dos últimos segredos da vida e já fôssemos capazes de interferir neles através de modificações no código genético. Neste horizonte colocam-se as expectativas da cura fácil e definitiva de um significativo número de doenças de cunho genético; coloca-se também a esperança secreta não apenas de uma melhor qualidade de vida, como até de um prolongamento muito significativo dela. É verdade que estas expectativas também podem vir acompanhadas de alguma preocupação relacionada com possíveis monstruosidades resultantes das inúmeras experiências genéticas realizadas em laboratório. Mas o trabalho intenso dos meios de comunicação social se encarregam de supervalorizar as expectativas e diminuir as eventuais interrogações. Daí a pergunta sobre nossa real situação no campo da biotecnologia.

Sabidamente, ainda que a biogenética no sentido atual da palavra já estivesse presente desde os inícios do século passado, ela ampliou seu campo de ação na linha dos conhecimentos e das intervenções mais profundas sobretudo a partir da década de 1950. Com efeito, antes disso as preocupações se resumiam em perguntar-se pelo que seriam os genes, onde se localizariam e quais as suas respectivas funções. A partir de meados do século passado, estas perguntas obtiveram respostas positivas na exata medida em que se descobriu a composição físico-química do material genético. Com isso se passou a compreender melhor que, por baixo daquilo que se vê a olho nu ou com aparelhos mais sofisticados, existe uma realidade bem mais complexa, composta por ácidos, aminoácidos, proteínas, genes... Mais exatamente, todas as formas de vida são sustentadas por células; estas células trazem consigo um núcleo e material periférico; no núcleo das células se encontram os cromossomos; os cromossomos são compostos por genes que, por sua vez, nadam num mar de bases. No caso específico do ser humano contamos com cerca de 100 trilhões de células; com 23 pares de cromossomos; com cerca de 30 mil genes... que se movimentam num mar imenso de 6 bilhões de bases. Estes e outros componentes genéticos nos fazem logo perceber que, por mais que tenham avançado nossos conhecimentos, temos ainda muito por descobrir. Acontece que nestes últimos decênios não apenas se avançou teoricamente em termos de biogenética; também se avançou em termos de experiência de laboratório, inclusive com a utilização de métodos artificiais de transmissão da vida. É neste contexto que se fala em inseminação artificial, em fecundação artificial, em partenogênese, em clonagem.

Estes poucos dados que apresentamos até aqui já nos levam a perceber algumas coisas importantes para nos situarmos devidamente frente a tudo isto. Em primeiro lugar, encontramo-nos diante de uma realidade de fato nova. Até a era da biogenética os seres humanos podiam modificar externamente o meio ambiente, e só indiretamente podiam influir em outras mudanças mais profundas. É o caso do influxo do mundo industrial sobre a paisagem e sobre os comportamentos das pessoas. Entretanto, agora, pela biogenética, os seres humanos estão em condições de produzir modificações ao nível genético, ou seja, na maior profundidade de todos os seres vivos. É o que se percebe nitidamente no nível dos transgênicos, com a modificação da natureza profunda dos produtos, bem como com a combinação de diferentes espécies através da clonagem. Isto aumenta enormemente a consciência de poder dos seres humanos de fazer o que bem entendem.

Mas convém ressaltar uma segunda decorrência do que já vimos acima: as coisas não são tão simples como parecem quando se trata de entender os mecanismos mais secretos da vida e eventualmente agir sobre eles. Ao lado de uma realidade inegável de conhecimentos e atuações, há muitas fantasias. E com isto já desponta uma terceira observação necessária: uma vez mais entra em cena o que se denomina de manipulação, no sentido de empresas e grupos, ligados a interesses sobretudo econômicos, tentarem enganar o povo com vãs promessas. Traduzindo: por maiores que sejam os nossos atuais conhecimentos, falta ainda muito por conhecer; por maiores que sejam os avanços biotecnológicos, nós continuaremos sofrendo e um dia morreremos. Convém ainda acrescentar que a manipulação que envolve vãs promessas fica patente quando nos lembramos que nossa vida não é feita só de células, tecidos e órgãos. Ela é feita sobretudo de relações, sejam estas com o meio ambiente, sejam dos seres humanos entre si. É destes relacionamentos inadequados que provêm muitos sofrimentos. E, naturalmente, não podemos esquecer-nos de que o mais fundamental de todos os relacionamentos, que vai dizer-nos se estamos com saúde ou se estamos doentes, é nosso relacionamento com o Criador. Se este não for saudável, nossa saúde será mais uma ilusão...

3. Padronização: necessidade ou ameaça à biodiversidade?

O número crescente de seres humanos e as crescentes necessidades provindas do que denominamos de progresso levam, forçosamente, à produção em série. Passou-se o tempo em que as coisas eram feitas uma por uma e a mão. Agora são necessárias máquinas sempre mais velozes e sincronizadas para produzir milhares e milhões de vezes o mesmo produto. Só assim se pode suprir a demanda do mercado e baratear os custos. Este procedimento não apresenta nenhum problema maior em si mesmo. Acontece que ele vem acompanhado de mecanismos de padronização. Aqui já começam a surgir crescentes dificuldades para lidar com o diferente, representado por coisas ou por pessoas. Começa-se a projetar um mundo onde tudo e todos sejam o mais iguais possíveis nas aparências, nos pensamentos e nos comportamentos. É para esta lógica que parecem remeter certos modismos estéticos, pelos quais um número sempre maior de pessoas são turbinadas com implantes e transplantes para se adaptar aos critérios de beleza do momento. Dentro deste processo de padronização também culturas diferentes são vistas como complicadores para o bom funcionamento das sociedades. Todas deveriam assumir os mesmos padrões e correr nos mesmos trilhos.

A clonagem entra em cena no exato momento em que a padronização industrial atinge seu auge e se apresenta como sendo uma certa exigência: se forem padronizados somente os produtos mortos, sempre teremos dificuldade de lidar com os produtos vivos, que por definição não apenas são diferentes, mas se modificam de acordo com a dinâmica própria da vida. É assim que se compreende que, tão logo se descobriu a possibilidade de recortar e de colar novamente o material genético, mas numa disposição diferente, logo se partiu para a ação. O imperativo soaria mais ou menos assim: vamos clonar o máximo de seres vivos para comercializá-los mais facilmente. É certo que há muito são conhecidos e utilizados estes mecanismos, por exemplo no enxerto de plantas. Como também é certo que a clonagem de células é um processo absolutamente normal e indispensável para o desenvolvimento dos seres vivos. Como ainda é certo que, através da clonagem, podem ser recuperadas espécies de plantas e animais em extinção. Ademais, de alguma forma podemos dizer que todos nós somos resultado de clonagem espontânea e ininterrupta de células, que vão se multiplicando e assim vão nos mantendo vivos. Acontece que a clonagem provocada e propriamente dita não se constitui apenas numa cópia, mas numa transferência de um núcleo de célula para outro núcleo. E isto pode ocasionar não apenas a reprodução clonada entre seres da mesma espécie, como também a conjugação de espécies diferentes. É nesta altura que as coisas começam a se complicar.

Em primeiro lugar a complicação diz respeito à tentativa de clonagem não só de plantas e animais, mas também de seres humanos. É verdade que, teoricamente, quase todos se dizem contra a clonagem reprodutiva de seres humanos. Mas também é verdade que existem condições técnicas para isto e que, certamente, já houve tentativas neste sentido. Ora, esta seria uma aberração total, uma vez que os novos seres, mesmo apresentando algumas diferenças, teriam grandes dificuldades para descobrir a própria identidade. Seres clonados seriam como sombras na procura de sua realidade. E aqui já se apresenta a segunda complicação extensiva a qualquer ser clonado: a mudança radical da identidade profunda e o inevitável empobrecimento mesmo em nível genético. Pois a riqueza de um ser vivo lhe advém do fato de, até agora, ele ser único e irrepetível. Assim se deve dizer que esta é a grande ameaça provocada pela clonagem: ela coloca em risco a biodiversidade, até agora caracterizada por milhões de espécies diferentes, com matizes diferentes, e que passariam, progressivamente, a perder sua originalidade. A padronização dos seres vivos, contudo, obedece novamente à mesma lógica do supermercado, segundo a qual o que interessa é o que dá lucro. É nesta direção que se deve entender a pressa em produzir e comercializar produtos transgênicos antes mesmo de se ter uma noção exata de seus efeitos sobre a saúde e sobre o meio ambiente.

Entretanto, a busca de lucros a qualquer custo não diz respeito apenas a alimentos. Ela aponta também para uma pretensa preocupação com o bem-estar das pessoas, mormente aquelas que se encontram em condições precárias de saúde por deficiência em algum de seus órgãos. E é nesta altura que é preciso alertar para a ambiguidade de certos procedimentos laboratoriais acobertados pela palavra *terapêutica*, sobretudo quando conjugada à clonagem. A clonagem dita terapêutica pode consistir num esforço por regenerar tecidos e órgãos. Mas ela também pode consistir na tentativa de produzir tecidos e órgãos. Ainda que estas tentativas possam trazer esperanças, no sentido de se obter órgãos necessários para transplantes, por enquanto não passam de possibilidade remota. Entretanto, admitindo-se que um dia isto se torne possível, deparamo-nos com dois grandes impasses: um apontando para a origem das células-tronco, necessárias para este procedimento, e outro apontando para o gerenciamento dos bancos de órgãos. No primeiro caso, ao mesmo tempo que nos alegramos com os avanços feitos através de pesquisas responsáveis com células-tronco, denominadas adultas (encontradas sobretudo no cordão umbilical), não há como não se indignar com a insistência sobre a liberação das células embrionárias. Concretamente isto significaria tirar de um embrião humano, já existente ou produzido, o que interessa e descartar o restante. Contudo, não podemos perder de vista a segunda questão que se refere à administração destes eventuais órgãos produzidos. Sabidamente existe hoje um grande comércio de órgãos, comércio que tenderia a crescer à medida que fosse gerenciado por empresas meramente comerciais e não por organismos de caráter humanista.

De repente, aquilo que até há pouco era remetido para o campo das fantasias vem se tornando realidade: já nos encontramos profundamente mergulhados na era da biotecnologia e até mesmo da manipulação genética. A mesma técnica supersofisticada que alimenta as várias indústrias passa agora a ser direcionada para desvendar os mais secretos mistérios da vida e até para eventualmente interferir sobre eles. A conjugação de ciências e tecnologias afins imprimiu, em ritmo acelerado, a nítida sensação de que nos encontramos numa espécie de terceiro momento da Criação: o primeiro seria o de Deus; o segundo, dos seres humanos enquanto utilizam a tecnologia para moldar o mundo externo; o terceiro seria exatamente este no qual estamos vivendo. De fato, nunca a humanidade dispôs de tantos conhecimentos sobre os segredos da vida e nunca teve tanto acesso aos seus mecanismos para eventuais alterações. Se antes os seres humanos agiam de fora para dentro, agora são capazes de entrar no último reduto dos seres vivos e provocar mudanças de dentro para fora.

Este conhecimento e este poder maiores do que em qualquer outra etapa da humanidade despertam sentimentos contraditórios. Por um lado despertam muita esperança no sentido de se conseguir viver mais e melhor, inclusive de se conseguir a cura radical de doenças de cunho genético. Por outro lado, tamanho conhecimento e tamanho poder, concentrados nas mãos de pequenos grupos, fazem emergir fundados temores de que tudo isto pode gerar uma série de males também nunca dantes conhecidos. A produção de armas cada vez mais mortais é apenas uma pequena amostra das maldades que podem ser produzidas em laboratório: armas químicas e bacteriológicas fazem hoje parte dos arsenais das nações mais poderosas.

As mesmas esperanças e os mesmos receios apontam ainda para outra direção: a ecológica. Hoje se tem uma consciência muito mais acentuada sobre a vital ligação entre todos os seres, numa espécie de cadeia onde nenhum elo deve ser rompido. A ligação entre os seres, contudo, não se constitui numa massa informe. Até pelo contrário: é a originalidade de cada espécie e de cada ser dentro de cada espécie que caracteriza a relação vital de tudo com tudo. Sendo assim, misturar arbitrariamente as espécies, mormente através da clonagem provocada, pode ser o começo do fim da biodiversidade. Dentro deste contexto convém recordar as primeiras páginas do Livro do Gênesis, onde se vê a origem da biodiversidade: dando a identidade própria a cada ser, Deus acaba com a confusão inicial e coloca ordem. Ou seja: a ordem divina é que se evite a confusão das espécies. Afetar a biodiversidade é correr o risco de levar o mundo a uma confusão nunca vista. A sabedoria de Deus se manifesta na criação das diferenças: tudo é semelhante, mas ao mesmo tempo tudo é diferente. A loucura humana se manifesta na tentativa de padronizar tudo, inclusive os seres vivos. Preservar a biodiversidade, respeitando a natureza profunda de todas as coisas, é a maneira mais segura de assegurar uma trajetória humana em sintonia com os grandiosos planos de Deus.

VIII
Diagnosticando males: a busca da cura definitiva

Como vimos acima, não é de hoje que há preocupações mais ou menos acentuadas, mais ou menos ideologizadas de ordem eugênica. Mas até certo ponto as tentativas eugênicas anteriores à revolução biotecnológica eram bastante amadoristas, pois não havia instrumentos adequados nem para o diagnóstico, nem para uma eventual cura em nível genético. Hoje os diagnósticos são rápidos e seguros e começam a emergir algumas expectativas em termos curativos e até preventivos. É nesta linha que devemos examinar as perspectivas e implicações de exames preventivos de DNA, a possibilidade de clonagem terapêutica, bem como da denominada terapia gênica.

1. Diagnósticos preventivos

Nos últimos decênios a medicina convencional deu grandes passos, seja pela capacidade de exames mais detalhados e mais seguros sob os vários prismas, seja pela produção de medicamentos, seja de aparelhamentos sempre mais sofisticados. Em termos de exames convencionais, para além das já tradicionais radiografias de raios X, hoje são utilizados outros expedientes bem mais sofisticados. Basta pensar nas radiografias computadorizadas, nas ultrassonografias, na endoscopia. Em todos estes expedientes atuam novos olhos e novas mãos mecânicas, cada vez mais hábeis e cada vez menores. E na medida em que avança a nanotecnologia, que trabalha ao nível de milionésimos de milímetros, não há como não reconhecer uma eficácia cada vez maior na linha dos diagnósticos de todo tipo de doença física.

Entretanto, a medicina convencional vai abrindo sempre mais espaço para a denominada medicina molecular. É que a medicina convencional, por mais sofisticada que se apresente, vai sempre fundamentar-se em sintomas mais ou menos perceptíveis. Já a medicina molecular, sem desprezar a convencional, mergulha num outro nível, tanto em termos de profundidade quanto em termos de conseguir prever o que ainda não se manifesta. O nível de profundidade significa mais exatamente ir à raiz última dos males biológicos na medida em que se vasculha o material genético. O nível preditivo significa detectar um mal antes mesmo que ele se manifeste. Tudo isso se torna possível mediante os exames de DNA, ou seja, do material genético. E mais: este tipo de diagnóstico já pode ser feito antes mesmo de alguém ser concebido, ou ao menos antes de começar a se desenvolver. Os exames antes da concepção vão dirigir-se em direção à qualidade dos óvulos e dos espermatozoides destinados à fecundação. Os exames anteriores ao início da fase evolutiva colocam-se ao nível dos embriões, no que se denomina de estágio pré-implantatório.

Claro que todas estas possibilidades abrem caminhos para grandes esperanças não apenas ao nível da cura de um mal que já se manifestou, mas até ao nível da prevenção, que evita a manifestação de um mal determinado. E, contudo, é justamente diante deste quadro que se compreende a emergência de ao menos dois problemas básicos. O primeiro é o da angústia para a tomada de decisão, quando tais exames manifestam algum tipo de anomalia: Deixar evoluir ou impedir o nascimento de alguém que se prevê marcado pela sina de um mal genético? O segundo tipo de problema vai na mesma direção: hoje se consegue saber muito mais do que aquilo que se consegue administrar. Ou seja: O que fazer com tantos conhecimentos quando ainda não se tem uma real possibilidade de cura dos respectivos males? É nesta altura que se entende o empenho na busca de caminhos terapêuticos via intervenções de cunho genético.

2. Clonagem terapêutica: um cavalo de Troia

A rigor, os vários processos de clonagem não são originários do laboratório. A própria palavra clone remete para a ideia de combinação de dois pedaços de uma determinada planta, que não se origina de sementes, mas se automultiplica, à semelhança dos seres vivos monocelulares. Em várias espécies de plantas, a multiplicação se dá a partir da divisão do caule, ou da raiz, ou até das folhas. Daí a característica fundamental do novo ser: herdar um código geneticamente idêntico àquele do qual procede. Também não se pode esquecer que, na própria constituição dos seres humanos, todos se originam de uma mesma célula inicial, o embrião, que vai se multiplicando através de divisões sucessivas. Nem se pode esquecer que há nos organismos uma contínua reposição de células mortas por células vivas, num processo de replicações sem fim. Nem podem ser esquecidos os gêmeos propriamente ditos, ou também denominados de univitelinos, oriundos de uma bipartição espontânea de um zigoto inicial. Como não podemos esquecer o processo inverso, através do qual dois óvulos fecundados podem fundir-se num só, dando origem a uma única pessoa.

Ao se falar em clonagem no contexto da biotecnologia, porém, não se tem em vista estes fenômenos naturais, mas exatamente a duplicação de um ser através de uma intervenção planejada e executada em laboratório. Existem basicamente dois tipos de clonagem: aquele oriundo da divisão gemelar de um único óvulo inicial, e aquele que se origina da transferência de um núcleo para o vazio provocado de uma outra célula. Quando a transferência de núcleo se dá dentro de uma mesma espécie, o resultado que se busca é uma cópia fiel de quem é o doador do núcleo. Todos estes procedimentos não apenas revelam o poder que os seres humanos passam a ter sobre os mecanismos da vida, como também a realidade da consolidação de um *biopoder*, sempre mais oriundo dos laboratórios e sempre mais concentrado nas mãos de pequenos grupos. Por isso qualquer tentativa de clonagem, mas sobretudo a possibilidade real de uma clonagem humana, espanta tanto.

Contudo, como a eventualidade de uma clonagem humana reprodutiva é praticamente rejeitada por todos, não é nesta direção que se coloca a nova problemática de cunho ético. Afinal, onde há unanimidade não há problema. Os problemas ao mesmo tempo mais sutis e mais profundos se colocam na linha de procedimentos que, ao menos aparentemente, deveriam merecer um consenso. Este é o caso da denominada clonagem terapêutica. À primeira vista, tudo o que é considerado terapêutico deveria merecer o apoio unânime. Mas é justamente aqui que mora o perigo. O termo *terapêutico* se apresenta no mínimo como um termo carregado de ambiguidade. Para perceber isto basta pensar na sua conjugação com a esterilização ou com o aborto. Com o pretexto de se tratar de uma intervenção terapêutica podem justificar-se todos os tipos de intervenções. Afinal, qualquer pessoa sempre poderá apresentar inúmeras razões para pedir a esterilização ou a interrupção de uma gravidez não desejada. Daí a importância de atinar para as implicações éticas do que se denomina de clonagem terapêutica.

A primeira implicação aponta para a origem das células-tronco que irão ser replicadas. Como se sabe, umas são embrionárias, enquanto outras são maduras ou adultas, enquanto remetem para uma fase posterior ao nascimento de uma pessoa. Quando se fala em aproveitar células adultas para regenerar tecidos e órgãos, sempre se pressupõe que estas se localizem no organismo da própria pessoa a ser beneficiada, ou então no sangue do cordão umbilical resultante de um nascimento. Quando se fala em célula-tronco embrionária, porém, está-se falando simplesmente de um embrião, ou seja, de um ser vivo que se encontra num estágio inicial, mas com o potencial para se desenvolver ao ponto de se tornar um feto, depois uma criança, depois um adolescente, depois um adulto, depois uma pessoa anciã. Está-se falando em retirar células de um embrião já existente, ou então a ser produzido para se retirar dele as preciosas células-tronco, com extraordinário potencial regenerador. Acontece que retirar células embrionárias significa simplesmente interromper o processo de desenvolvimento de um ser que já é detentor de um código genético próprio e original, capaz de levar ao desenvolvimento das fases posteriores. Ou seja, o verdadeiro problema ético se coloca na linha de, em nome de uma eventual terapia de uma pessoa portadora de deficiências genéticas, interromper-se o desenvolvimento de uma vida nascente. Além da insegurança sobre os êxitos, há sempre a certeza da eliminação de uma vida humana.

Mas há ainda um segundo aspecto a ser considerado quando se fala de clonagem terapêutica, que é o de ela se transformar num verdadeiro cavalo de Troia. De fato, na medida em que admitíssemos a produção de novos embriões ou a utilização de embriões já existentes para fins denominados terapêuticos, estaríamos abrindo um precedente para todo tipo de interrupções do desenvolvimento de embriões e fetos. Concretamente isto significa que, se podemos sacrificar um embrião para, eventualmente, salvar uma vida de uma pessoa adulta, não se vê por que não podemos sacrificar um embrião para salvar a honra de uma adolescente ou de uma mulher estuprada, ou então de uma mulher que já ultrapassou os limites de idade considerados convenientes para levar a término uma gravidez. Com o mesmo raciocínio se chega à conclusão de que nada impediria o uso da pílula do dia seguinte, nem a interrupção de qualquer gravidez considerada indesejada.

3. Terapia gênica: solução ou ilusão?

Com certeza, em meio a tantas descobertas, esta da existência de células-tronco é uma das mais sensacionais. Com isto se descobriu, em primeiro lugar, que o desenvolvimento de todos os seres vivos se dá através de uma replicação de células, as que denominamos embrionárias. Com isto se descobriu também que, mesmo passada a fase embrionária, os organismos vivos vão como que conservando um estoque de células de reposição, para irem substituindo as células mortas. Na realidade, passada a fase embrionária, quando já foram determinadas as funções dos vários tipos de células, cada um dos órgãos vai poder contar com um reservatório incalculável de células que entram em funcionamento quando necessário. À primeira vista tudo parece muito claro e muito simples: as células embrionárias encontram-se ainda num estágio de indiferenciação, e, por isto, teoricamente poderiam ser orientadas para suprir as necessidades de qualquer parte de um organismo. As adultas, por sua vez, mesmo determinadas, poderiam ser reorientadas para exercer outra função em outro lugar do organismo.

Se o funcionamento das células-tronco fosse tão simples quanto acima descrito, nós disporíamos de recursos para sanar praticamente todo tipo de doenças de cunho genético e suprir todo tipo de deficiências manifestadas num organismo. É nesta pressuposição que já se anunciam as possibilidades de curas de várias doenças de cunho genético como mal de Parkinson, mal de Alzheimer, doença de chagas, vários tipos de distrofias musculares, os vários tipos de diabetes, vários tipos de doenças de origem somática e de origem sexual, fibrose sística, hemofilia... Há quem já anteveja a possibilidade da cura de múltiplas formas de câncer, e até mesmo da Aids. Mas, para além destas curas, indo à raiz dos males, criaram-se grandes expectativas no sentido da possibilidade de criar tecidos e órgãos em laboratório, ou ao menos de regenerar tecidos e órgãos lesados. Nesta linha seriam beneficiados praticamente todos os tipos de tecidos e órgãos.

Evidentemente que, se estas previsões se concretizarem, os benefícios serão simplesmente incalculáveis. A criação de órgãos acabaria com o tormento de milhares de pessoas que aguardam, em filas intermináveis, ser beneficiadas por transplantes. Concretamente estas esperas contam com uma dupla possibilidade. A primeira é a de que alguém, normalmente um familiar, se sacrifique para que outros possam viver. Nesta linha nos deparamos sempre com a possibilidade do que se denomina de tráfico de órgãos. A segunda possibilidade provém da morte de alguém, doador anônimo que se dispôs a isto em vida, ou então, após a morte, através da autorização de familiares e instituições competentes. Ainda que os problemas de incompatibilidade sejam cada vez mais contornados, eles continuam sendo um fator importante para o êxito de transplantes.

Mas a produção de órgãos é ainda uma hipótese remota. Por isso mesmo, de imediato, as esperanças se voltam para a utilização de células-tronco visando à regeneração de tecidos e órgãos. Há algum tempo vem sendo noticiado êxitos na linha de melhorias no funcionamento do coração, pulmões, rins, fígado... Mas é preciso ter muito claro que as experiências até agora efetivadas envolvem apenas um pequeno número de pessoas e são ainda muito recentes para ser consideradas experiências que garantem resultados cientificamente comprovados. Ou seja: apesar dás grandes expectativas e especulações levadas adiante pela mídia, tudo neste particular é ainda muito incipiente.

Pelo que se vê, mesmo a denominada clonagem terapêutica carrega consigo impasses éticos. Da mesma forma, a partenogênese se constitui num dos mais recentes e mais profundos desafios éticos. Isto sem falar da terapia gênica direta. Até um dos descobridores da estrutura do DNA, J. Watson, é categórico: a terapia gênica é perigosa (WATSON, 2005: 378).

IX
Anencefalia: como lidar com os imprevistos

Embora a anencefalia não seja um fenômeno próprio dos nossos dias, nota-se em nossa sociedade uma enorme preocupação com este tipo de malformação. O mais curioso é que em uma análise estatística realizada entre 1990 e 2000, pelo Hospital das Clínicas da Universidade de Minas Gerais, em um total de 18.807 partos, a anencefalia se apresentou em 11 nascidos vivos e em 5 natimortos (AGUIAR et al., 2003). Cabe então indagar: se os casos são pouco frequentes, por que a preocupação passou a fazer parte dos debates presentes em jornais e TVs? Não é muito difícil de responder a esta pergunta. Por trás de tudo isto encontra-se o interesse na legalização do aborto.

1. Anencefalia: um conceito equívoco e uma questão controversa

De modo geral, o conceito de anencefalia é utilizado inadequadamente para caracterizar a malformação que ocorre no fechamento do tubo neural. O mais correto seria empregar o termo meroanencefalia, que designa a ausência de uma parte do encéfalo. Esta malformação, que ocorre no processo da embriogênese, compromete o desenvolvimento encefálico, os ossos da abóboda craniana e o couro cabeludo. Na realidade, não se trata da ausência total do encéfalo (anencefalia), mas do comprometimento de uma parte do encéfalo, denominada de encéfalo anterior, que dá origem aos hemisférios cerebrais.

As crianças que nascem com meroanencefalia possuem sobrevida curta. Algumas morrem nas primeiras vinte e quatro horas e outras podem chegar a viver alguns dias. É importante observar que não há nenhuma dúvida em saber quando um bebê anencéfalo nasceu vivo ou natimorto. Os anencéfalos nascidos com vida podem chorar, deglutir, succionar, ter expressões faciais e movimentar os membros. Não há como afirmar que estas crianças estão mortas. Sendo assim, não é prudente aplicar a elas o conceito de morte encefálica, que não é utilizado para crianças com menos de sete dias.

2. Uma questão emblemática

Para a mãe não há outros riscos além daqueles esperados em qualquer processo de gestação. Algumas correntes, apoiadas nos presumíveis sofrimentos da mãe que descobre estar gestando um anencéfalo querem justificar o abortamento e esquecem, assim, do sofrimento advindo de um aborto. Tanto para os partidários quanto para os opositores do abortamento, esta questão se torna emblemática, ou seja, não apenas vem carregada por emoções fortes, como também pelo significado em relação às decorrências de uma intervenção ou não. Os que são a favor do abortamento ressaltam que só são a favor de uma intervenção *nestes casos*, e dizem assumir esta posição para aliviar os sofrimentos da mãe e parentes, por uma gestação de risco e muito sofrida. Para caracterizar esta tese preferem falar em antecipação do nascimento, em vez de abortamento. Ademais, exageram, tanto no que se refere ao número de casos quanto os riscos de levar adiante a gravidez e o peso dos sofrimentos da mãe. Os que se opõem a qualquer intervenção que resulte na morte do feto vão ressaltar os argumentos em sentido contrário, mas também com forte carga emocional. Daqui a importância de tratar com mais objetividade a questão.

Antes de mais nada, a objetividade nos obriga a não buscar simplesmente uma solução para estes casos, e sim buscar uma resposta para duas questões fundamentais: o que se encontra na raiz desta anomalia, e o que fazer para diminuir esta incidência. A primeira pergunta não pode ser respondida de maneira simplista. A anencefalia possui uma raiz multifatorial com participação genética não mendeliana (não herdada) e de elementos ambientais. A segunda pergunta encontra uma resposta simples e clara: administrar no devido tempo ácido fólico para a futura gestante vai reduzir significativamente esta incidência. Como também estará contribuindo para a mesma solução investir em pesquisas que situem melhor a influência de certos fatores ambientais sobre o código genético. A irradiação atômica é uma amostra do quanto fatores, à primeira vista considerados externos, podem contribuir para todo tipo de anomalias, inclusive esta em questão.

Uma vez situada a questão de fundo sobre as eventuais causas, deve-se dar um passo em frente, no sentido de localizar eventuais interesses na denominada antecipação do nascimento de meroanencéfalos. O quadro de fundo para entender bem esta problemática é o de uma cultura da morte. Uma leitura crítica do abundante material que apareceu nos vários meios de comunicação levanta fundadas suspeitas de que podem existir ao menos dois interesses em jogo. O primeiro aponta para outros casos nos quais se justificaria o que, eufemisticamente, se denomina de intervenção terapêutica. Aqui aparecem fetos portadores de outras deformações, aparecem mulheres que engravidam sem querer, ou que estão fora da faixa etária considerada ideal. Umas serão mães prematuras e outras iriam exercer a maternidade muito tardiamente. O segundo aponta para o interesse nos órgãos destes bebês, que podem, pelo menos teoricamente, salvar vidas de outros bebês.

3. Importa dar apoio à mãe

A mesma objetividade nos leva a perceber que o grande problema não é o do que fazer com o feto anencéfalo, mas como dar suporte à mãe, para que ela possa levar adiante a gravidez. O primeiro passo é ajudar a mãe a superar uma eventual repulsa diante do fato de estar gestando um feto que não se enquadra dentro dos critérios de normalidade. Como a mídia dramatiza o fato, neste primeiro passo importa desdramatizar, mostrando que, afinal, todo ser humano gerado corre riscos de deformações, por exemplo em decorrência de acidentes; e, de qualquer forma, todo ser humano gerado está destinado a morrer um dia. A única dúvida é sobre o quanto tempo e o modo como vai viver. Há vidas longas e estéreis; há vidas curtas e fecundas. Todas as vidas têm sua razão de ser, embora esta nem sempre seja palpável.

Um segundo passo aponta para a necessidade de um trabalho no sentido de a mãe conseguir amar seu filho. Ela pode construir uma vida com seu filho, por mais dramática que se apresente esta história e por mais breve que seja. É uma história que pode deixar marcas positivas na medida em que uma mãe passa a amar este feto como fruto de suas entranhas. Se é difícil entender o sentido de uma vida que não consegue expressar-se, não é difícil de se perceber que pessoas adultas, mormente as mães, podem encontrar novos horizontes para interpretar o sentido de suas próprias vidas.

Um terceiro passo aponta para os parentes mais próximos, que fazem parte da vida da mãe. Estas pessoas podem influir de maneira positiva ou negativa, dependendo da atitude que tomam em relação a um fato objetivo como este. Todos juntos encontrarão nesta situação conflitiva uma oportunidade para buscar um sentido mais profundo para suas próprias vidas. À luz de uma vida tão frágil, as grandes interrogações sobre os mistérios da vida vão apontar para o sentido último de todas as vidas: passando pela cruz devem chegar à plenitude da ressurreição. Fora de uma perspectiva de fé fica muito difícil perguntar-se não apenas pelo sentido da breve vida dos anencéfalos, como também pelo sentido de todas as vidas.

X

Terceira idade: colhendo flores entre espinhos

Quando, há tempos, me foi pedido para escrever sobre a terceira idade, levei um susto: Será que já estaria chegando minha hora de reconhecer que estou ficando velho? Não é possível... afinal... nunca me senti tão bem, e ando mais acelerado do que nunca... Estou atuando em muitas frentes... e sem sentir cansaço... Continuo tendo a sensação de que minha vida ainda terá outros desdobramentos: é como se tudo ainda estivesse por começar. Ademais, velho, doente e morto é sempre o outro... É sempre o outro que vai perdendo a rapidez dos gestos e do raciocínio e vai ficando gagá... Nós sempre nos sentimos fora disto... Só que, em meio a estes raciocínios de racionalização em benefício próprio, talvez convenha reconhecer que só acelera e quer fazer tudo ao mesmo tempo quem, inconscientemente, vai percebendo que o tempo fica mais curto...

Por sorte, quase ao mesmo tempo, recebi um convite diferente. Desta vez era para celebrar os 100 anos de um senhor, chamado Sílvio, que, todo lépido, lúcido e bem-humorado, me fornecia os primeiros elementos para refletir sobre meu possível futuro. Junto do altar, momentos antes de iniciar a celebração, ele me dizia: há velhos que ficam ranzinzas... há velhos que ficam chorões... ressentidos... grosseiros... há velhos que ficam babões ao verem passar alguma menina bonita (e deu uma risadinha marota)... Mas também há velhos que estão sempre alegres, colhendo os frutos do que plantaram ao longo da vida... E o Sr. Sílvio concluía: pois eu não sei como serei quando chegar minha velhice... por ora só completei 100 anos... Com certeza ele se considera ainda relativamente jovem.

Foi movido por esta dupla impressão, do choque de uma tomada de consciência de minha condição existencial e do otimismo de um senhor centenário, que aceitei o convite para escrever este capítulo. Pensar, de maneira proveitosa, sobre as perspectivas da terceira idade pressupõe, antes de mais nada, que se recolham alguns dados, não apenas estatísticos, mas sobretudo culturais e teológicos. Em seguida, convém sinalizar os principais desafios com os quais, normalmente, se deparam as pessoas que chegam à terceira idade. Finalmente, convém apontar mais especificamente para as grandes tentações que devem ser enfrentadas nesta fase da vida.

1. Caminhando entre flores e espinhos

Há muito ouvimos falar dos países europeus, como países onde se encontra o maior número de pessoas de cabelos brancos. Enquanto lá cresce o batalhão das pessoas de terceira idade, nós aqui no Brasil seríamos um país onde ainda predomina a juventude. Esta última assertiva é relativamente verdadeira, pois já temos 15 milhões de pessoas que ultrapassaram a barreira dos 60 anos, e dentro de 20 anos este número deverá dobrar. Esta poderia ser uma boa notícia, se estivéssemos nos preparando para esta nova realidade. Infelizmente isto não está acontecendo. Por esta razão, enquanto muitos europeus colhem flores, para a maioria das pessoas de idade brasileiras só sobram espinhos e abrolhos, e não há sinais promissores no horizonte. Daí a questão: Será bom sonhar com a terceira idade? Depende...

1.1. O sonho da eterna juventude conjugado com idade avançada

À primeira vista é muito fácil entender o que significa terceira idade, pois bastaria lançar mão de algumas observações físicas, psíquicas e espirituais para enquadrar estas pessoas: têm cabelos brancos?; são ou estão ficando carecas?; esquecem alguma coisa com certa frequência?; estão meio alquebradas?; apresentam dificuldades de controle nas funções biológicas?; já fizeram implante dentário, ou têm ponte fixa ou móvel (que cai de vez em quando e sempre faz um ruído estranho)?; apresentam a língua um pouco presa?; falam muito do passado?; dão sinais de depressão? Pronto: eis aí o início do fim, um verdadeiro calvário. Entretanto, para entender a terceira idade e, ainda mais, para entrar nela ou assumi-la com alegria, não é tão simples assim... Convém situar a questão no espaço, na cultura e no tempo, resgatando elementos antropológicos, culturais e teológicos, tudo ao mesmo tempo.

Antes de mais nada, pode-se chegar a um acordo teórico para enquadrar uma pessoa na terceira idade: todas que ultrapassam os 65 anos; daqui a pouco: todas que ultrapassarem os 70 anos. Tudo bem, mas velhice é outra coisa: é uma questão muito pessoal e muito relativa. Relativa às predisposições genéticas, às condições biofisiológicas, sociais, econômicas, culturais de cada pessoa. Por isto mesmo, a rigor, também não se pode padronizar a terceira idade, como aliás não se pode padronizar nenhuma idade: há pessoas que chegam até ela cheias de vitalidade e entusiasmo, com muitos e grandes projetos, e há pessoas que chegam lá, mas desmotivadas e alquebradas, com a sensação de que é o fim. É neste nível que influem as condições acima referidas.

Dito isto, convém ter presente que a absoluta maioria das pessoas cultiva dois sonhos contraditórios, que não se excluem: um de ser eternamente jovem, e o outro de alcançar uma ditosa velhice. Tanto numa quanto na outra ponta, pode-se contar com a evolução das ciências que oferecem suporte para que continuemos parecendo jovens e, sobretudo, para que envelheçamos com boa qualidade de vida. Hoje, mais do que nunca, o mito da eterna juventude transparece a cada passo, com o suporte de vários processos de rejuvenecimento. Para tanto pode-se recorrer a muitos expedientes: pintar os cabelos (e tem algum mal nisto para quem ainda não é careca?), fazer plásticas, e, sobretudo, fazer os mais diversos exercícios físicos, com o objetivo de se manter em forma. Os mitos das fontes da eterna juventude sempre existiram, só que hoje são tidos como realidade possível: para quem sabe viver, ao menos o espírito jovem pode ser uma fonte de energia capaz de prolongar não apenas a vida biológica, como, sobretudo, a lucidez psicológica e espiritual. Destarte viver bem a terceira idade não é uma fatalidade, nem um privilégio, mas, de alguma forma, junto com o dom, é uma conquista.

1.2. A tentação da rebeldia

Até aqui, tudo bem. Cultivar os dois sonhos paradoxais e complementares, da eterna juventude e da velhice ditosa, não só não se constitui em nenhum pecado, como até revela uma virtude: a de querer viver da melhor maneira possível a vida que Deus nos confiou. O problema começa quando as maquiagens não são apenas externas, com algumas ilusões psicológicas, mas começam a invadir o espírito, levando a pessoa a cultivar uma falsa imagem de si mesma, enganando-se, porque negando sistematicamente as limitações próprias de sua idade. E eis o drama: nesta situação a pessoa não apenas se torna ridícula diante dos outros, mas sente-se ridícula diante de si própria. Este sentir-se ridícula diante de si própria não ocorre, forçosamente, diante do espelho, mas ocorre, seguramente, quando alguém precisa tirar as pontes fixas ou móveis dos dentes, quando tira a peruca, quando sempre de novo tem que buscar uma recauchutagem do rosto, do pescoço e de outras partes menos vistosas do corpo. Nesta atitude de rebeldia, a pessoa já não consegue viver de acordo com sua identidade profunda; e lá no íntimo sabe que está fazendo teatro.

Entretanto, há algo de mais negativo em tudo isto: o mascaramento leva à perda dos frutos e dos louros que seriam próprios desta etapa da vida. Colher os frutos e louros próprios da idade só é possível quando a pessoa assume a idade que tem, com tudo o que isto implica. E com certeza, em qualquer vida, por mais pobre e sofrida que tenha sido, sempre há frutos e louros a serem colhidos. Se é verdade que ninguém veio a este mundo por acaso, então, com certeza, mesmo os maiores pecadores e mesmo as pessoas mais frustradas terão deixado alguma marca positiva. É inconcebível que alguém, criado à imagem do próprio Criador, nada tenha feito de bom e louvável. Tudo é uma questão de saber buscar e discernir. Todas as vidas produzem flores e frutos, só que por vezes as flores e os frutos ficam ocultos, tanto para as próprias pessoas quanto para as outras.

Assumir a idade com realismo é assumir os ganhos, mas também as eventuais perdas de cada etapa da vida. E assumir as limitações é a primeira manifestação de maturidade, sendo que a maior manifestação de maturidade é a de ser capaz de assumir a própria morte. Como diz Jesus: Ninguém tira a minha vida. Eu mesmo a dou (Jo 10,18). Quem é capaz de pronunciar esta oração, com certeza é uma pessoa madura sob todos os prismas, mormente psicológico e espiritual. Ao contrário, quem, além de renegar as evidências da caminhada da vida, que vai deixando rugas internas e externas, não é capaz de defrontar-se com a evidência de uma morte que mais cedo ou mais tarde chegará, vai manifestar aqueles traços negativos acima descritos a propósito do Sr. Sílvio: ranzinza, resmungão, babão... E chegar à terceira idade com estas características é, realmente, um tanto trágico, pois traz consigo a evidência de decrepitude, que nunca pode ser exaltada como virtude.

1.3. Driblando os espinhos e colhendo as flores

As últimas colocações já vão configurando aquilo que em termos filosóficos e teológicos se denomina de sabedoria de vida, ou então os traços da estultície, de quem não encontrou um verdadeiro sentido para sua vida. Não é verdade que os anciãos são valorizados em todas as culturas. Como também não é verdade que, bíblica ou teologicamente falando, toda pessoa de idade seja sábia. É verdade que tanto o Antigo quanto o Novo Testamento nos apresentam uma série de figuras masculinas e femininas consideradas como patriarcas e matriarcas, por isto mesmo, sábias. Contudo, estes escritos também nos apresentam pessoas de idade qualificadas como insensatas. Haja vista muitos membros do Conselho dos Anciãos, que ajudaram a condenar Jesus. É bom lembrar também os dois velhinhos da história da casta Susana, do capítulo 13 do Livro de Daniel: no dizer do meu amigo centenário, o Sr. Sílvio, eles seriam babões. Na época, não poderiam passar muito disto; contudo, hoje, com certos estimulantes, alguns velhinhos e algumas velhinhas resolvem assumir atitudes próprias de seus netos e são capazes de surpreender. De fato, ao que tudo indica, justamente no campo da sexualidade, enquanto o corpo teoricamente se aquieta, a fantasia intensifica sua ação e nem sempre de maneira edificante. Sábias são as intuições de São Francisco, já todo alquebrado pela doença, mas visto como santo por muitos: Cuidado, Francisco, pois ainda és capaz de deixar por aí algum filho.

Pelas considerações precedentes percebe-se que existem "pessoas de idade" e pessoas de idade: nem todas construíram sua vida do mesmo modo e nem todas lidam do mesmo modo com suas emoções; por isso mesmo, nem todas chegam do mesmo modo à velhice. Traduzindo: nem todos os anciãos e anciãs são sábios. A sabedoria de vida começa pelo cultivo da consciência criatural. Ao mesmo tempo que somos e existimos, nem somos, nem existimos por nós mesmos ou para nós mesmos. Foi Deus quem nos concedeu a existência, para que ela seja pautada pelo amor a Ele e ao próximo. Assim, a consciência da condição criatural é a primeira garantia de estarmos vivendo com realismo. É esta consciência que nos afasta da tentação de nos julgarmos sempre jovens, ao menos no espírito, como também nos afasta da tentação de, prematuramente, julgarmos que agora é o fim de tudo. As pessoas que desenvolvem a consciência criatural são capazes de carregar as cruzes mais ou menos pesadas das limitações e até de, serenamente, admitir, como o Papa João Paulo II, que o dia de prestar contas a Deus está próximo. Estas são pessoas que não deixam de sentir os espinhos, nem de tropeçar pelo caminho, mas sabem colher as flores que brotam à beira do caminho e no meio dos espinhos.

2. Desafios mais comuns

Indiscutivelmente, quando se fala de terceira idade, tem-se diante dos olhos uma pluralidade de situações, conjugada com a singularidade de cada pessoa. Mas, apesar de devermos insistir sobre a pluralidade de situações e a originalidade de cada ser e, portanto, também de cada pessoa nas várias fases da vida e nas diversas realidades nas quais vive, não podemos deixar de reconhecer que existem alguns traços e alguns desafios comuns que caracterizam a terceira idade. Apesar de devermos reconhecer que crianças e anciãos em todos os tempos apresentam alguns traços que percorrem os séculos, devemos também admitir que hoje, e mais particularmente no nosso contexto, existem características só hoje e aqui encontradas. E é esta conjugação entre originalidade e especificidade que devemos considerar agora.

2.1. A pluralidade de situações

Desde o início destas reflexões estamos insistindo, ao menos de maneira indireta, na pluralidade de situações. Uma é a situação de quem tem elevado nível econômico, social e cultural. Outra é a situação de quem se encontra na miséria, sem *status* e sem cultura. As pessoas que se enquadram na primeira categoria não apenas terão com o que se ocupar, mas poderão contar com o apoio de quem com elas se preocupa, minorando, assim, sensivelmente os contratempos próprios da idade. Já as pessoas enquadradas na segunda categoria, da miséria e da pouca cultura, normalmente deverão enfrentar sozinhos as sombras da noite: só lhes sobrará Deus. E podemos continuar nosso raciocínio dizendo que uma é a situação de quem ao longo da vida cultivou uma espiritualidade profunda: nenhum companheiro e amigo é mais seguro, confortante e constante do que o próprio Deus. Outra é a situação de quem, como Paul Sartre e sua companheira Simone de Beauvoir, fizeram questão de professar o ateísmo materialista. Para os dois, o fim da tarde só poderia mesmo ter sido saudado com um *bonjour, tristesse*: a vida se apresenta como um conjunto de amargas frustrações e sem nenhum horizonte.

Até mesmo sentimentos bastante comuns em todas as culturas e situações, acima descritas, como a perda da autoestima, a angústia diante do desconhecido e a crescente solidão são muito relativos. Para quem durante a vida toda foi negado o reconhecimento, a autoestima só poderá estar mais baixa ainda ao cair da tarde. Mas para quem construiu um patrimônio em termos de autoestima, a chegada à terceira idade coincide com uma espécie de poupança bem remunerada: todos exaltam suas qualidades. Da mesma forma, para quem só soube confiar em suas próprias forças e vê estas forças desaparecerem, só sobra a angústia da próxima queda. Ao contrário, para quem cultivou a fé na providência divina e construiu um círculo de sólidas amizades, nem a angústia do desconhecido, nem o sentimento de solidão irão tomar vulto.

2.2. Traços mais comuns

Uma vez ressalvada a pluralidade de situações originais, não há como esquecer a existência de alguns traços comuns a todos. O primeiro pode ser encontrado no desafio de assumir os limites próprios de uma certa faixa de idade; o segundo pode ser encontrado na linha do ir perdendo companheiros e companheiras de caminhada e, em consequência, ter que enfrentar uma certa solidão; um terceiro está na necessidade de cultivar o que se denomina de qualidade de vida.

Hoje fala-se muito na necessidade de colocar limites quando se trata de educação de crianças e adolescentes. Acontece que esta educação para os limites é um componente da vida no seu todo. Contudo, não há como não perceber que, por si mesma, a idade vai exigindo o respeito a certos limites. Estes dizem respeito ao ritmo das atividades físicas e intelectuais; dizem respeito às funções exercidas na sociedade; dizem respeito à alimentação, às horas do necessário repouso, e assim por diante. Aqui, novamente, nem todos os que chegam à terceira idade sabem descobrir e respeitar os seus limites: só os sábios serão capazes de perceber isto, sem se intimidar e sem mágoas. Tudo na vida tem seu tempo: um é o tempo de plantar, outro é o tempo de colher. E a terceira idade é sobretudo um tempo para desfrutar e colher.

Ainda que sejam muito relativos, os sentimentos de perda e solidão são normais na terceira idade. O primeiro remete para a inevitável perda de tantos companheiros e companheiras de caminhada. Os números são tanto mais significativos quanto mais a pessoa vai vivendo. Em decorrência disso, aos poucos vai se colocando a inevitável dificuldade de estabelecer novas amizades. Mesmo que isto não seja de todo impossível, normalmente elas não terão a profundidade, nem o significado das amizades contraídas nas outras etapas da vida. A sensação de estar cada vez mais sozinha pode ser muito minorada na medida em que a pessoa pode contar com a compreensão dos parentes, ou ao menos das pessoas com as quais convive. Mas o sentimento de solidão costuma ir se intensificando na medida em que os horizontes de vida vão se estreitando e vai se esgueirando a impressão de que o caminho vai chegando ao fim. Para compensar o sentimento de solidão, só mesmo a certeza, obtida com a lucidez da fé, de que o fim de um caminho é na realidade apenas o aceno para o começo de outro.

O maior desafio da terceira idade, contudo, parece consistir no cultivo daquilo que se denomina qualidade de vida. A qualidade de vida pode ser delineada através de alguns contornos: capacidade de manter atividades corriqueiras, tanto no plano físico quanto mental e espiritual; capacidade de realizar tarefas em comunidade; capacidade de manter laços afetivos com as pessoas mais próximas e, eventualmente, criar novos laços; capacidade de manter, ou mesmo desenvolver potencialidades um tanto ocultas como trabalhos manuais, pintura, jardinagem etc. Estes e tantos outros traços, que podem ser lembrados para descrever a qualidade de vida, são uma espécie de termômetro para se poder medir até onde a terceira idade, dentro dos limites que lhe são próprios, se constitui em apenas uma nova etapa da vida, ou então se transforma em sinônimo de decrepitude, com tudo o que isto significa.

2.3. Desafios de hoje

Embora seja sempre difícil distinguir o que é típico de hoje e o que remete para a condição humana de todos os tempos, convém ressaltar alguns desafios que parecem mais específicos de nossos tempos. Uma primeira linha de desafios encontra-se na tentativa de superação dos mitos e preconceitos; uma segunda linha pode ser encontrada no plano da produção; uma terceira, no plano político.

Poderíamos enumerar uma série de mitos e de preconceitos que devem ser enfrentados não propriamente pelos que chegam à terceira idade, mas pelas outras pessoas que se julgam no direito de emitir pareceres categóricos sobre a terceira idade. Eis alguns mitos e preconceitos: a inteligência diminui com a idade; o idoso não aprende; o idoso perde a capacidade sexual; idoso só deve conviver com idoso; velhice é doença; o idoso está mais perto da morte; idoso não tem futuro... Embora por trás de cada uma destas assertivas possa haver alguma verdade, com certeza elas revelam uma simplificação insustentável. As considerações feitas até aqui sobre a diversidade de situações e condições já são suficientes para demonstrar isto. Assim, estas meias-verdades em nada ajudarão aos que chegaram à terceira idade e muito menos aos que devem preocupar-se com estas pessoas.

Os desafios relacionados com a produção são bem específicos de uma sociedade moderna, industrial e pós-industrial. A modernidade tornou-se quase que sinônimo de produtividade: é preciso produzir muito, em série, com sempre maior rapidez. É claro que quanto mais alguém avança em termos de idade, tanto menos capaz se torna de preencher estes requisitos quantitativos, padronizados e acelerados. Daí o imperativo do mundo capitalista de ir substituindo as pessoas como se substituem as peças de uma máquina: na medida em que vão envelhecendo são jogadas fora. Claro que é inútil querer reeditar o passado, quando os modos e o ritmo de produção eram outros. Mas, com certeza, é preciso ir encontrando sempre novas alternativas. Estas alternativas de produção só podem ser encontradas diante de outros pressupostos antropológicos. Ou seja, uma sociedade que não sabe captar e direcionar os modos próprios de produção das pessoas de idade é uma sociedade fadada ao fracasso, na exata medida em que aumentar o número de pessoas de idade.

Algo de parecido com o que foi dito sob o prisma econômico deve ser dito com respeito ao prisma político: encontrar um lugar em que o exército crescente dos idosos possa atuar e partilhar suas experiências é algo de vital para o presente e para o futuro da humanidade. Não se trata de reivindicar o lugar de mando, mas simplesmente de canalizar esta experiência acumulada para o bem-viver de toda a sociedade. A sociedade que não abre espaço político para quem vai envelhecendo não apenas está arrancando as raízes do passado, mas impossibilitando um futuro mais promissor. Sobretudo em termos de convívio mais pacífico, a exclusão das pessoas de mais idade se constitui sempre num empobrecimento irreparável. Se estas pessoas já não podem contribuir diretamente em termos de novos planos e novas perspectivas, ao menos podem ajudar para que se evitem erros do passado.

3. Três grandes tentações a serem vencidas

Em cada período da vida nos deparamos com algumas tentações específicas. Assim, os jovens costumam enfrentar a tentação de experimentar tudo por própria conta, de dirigir com excesso de velocidade, de retrucar com grosseria a qualquer interpelação. Já quem se encontra em idade adulta, no vigor das forças, mas já com uma experiência de vida, as principais tentações apontam na direção do excesso de autoconfiança, no apego aos bens, na pouca acolhida aos mais jovens e aos mais velhos. Quem chega à terceira idade vai defrontar-se com ao menos três tentações específicas: entregar-se às fantasias, apegar-se ao passado, não aceitar que um futuro melhor seja possível.

3.1. O mundo das fantasias

De um modo ou de outro, sempre vivemos em meio às fantasias. Elas até que podem constituir-se numa espécie de impulso para arquitetar projetos mais ou menos viáveis. Ninguém vive sem ilusões e sem fantasias. Se elas se colocam no confronto com a realidade do cotidiano, podem ser forças positivas. Entretanto, quando avança a terceira idade com o cortejo de limitações que lhe são inerentes, o perigo não está nas fantasias e ilusões, mas na perda do senso do real. Melhor dito, as fantasias passam a dar um colorido ilusório às belezas da vida... Como teria sido belo haver constituído uma família... Como teria sido bom haver galgado certos postos na sociedade... Como seria bom haver acumulado alguns bens... Vida familiar e social parecem um mar de rosas, ainda mais quando comparadas com a rudeza da vida conventual. A supervalorização das fantasias leva a uma depreciação daquilo que se abraçou com tanto entusiasmo na época da juventude. Eis um primeiro desafio a ser enfrentado.

3.2. O demônio acena para o passado

Ao mesmo tempo que as fantasias vão se avolumando, com a consequente desvalorização do pouco que se tem, um novo desafio desponta na tentação de exaltar o passado em detrimento do presente. De modo mais concreto, na mente de quem avança em termos de terceira idade, as novas gerações parecem não apresentar mais aquele *élan*, não ter mais aquela fibra, não sendo, portanto, capazes de manter a gloriosa trajetória da Igreja e da Congregação ou Ordem. Nossos antepassados e nós mesmos tanto lutamos para agora ver muita coisa caindo por terra, ou mesmo sendo levianamente substituída por valores tidos como mundanos. Basta olhar sob o prisma da afetividade: as pessoas de fibra, que engoliam em seco quando das tentações da carne, veem as novas gerações se movimentando com desenvoltura no campo afetivo. E tudo isto dói. É exatamente nesta visão distorcida sobre o presente e na exaltação idealizada do passado que mora o perigo de se morrer em meio às amarguras de quem vê esfacelar-se um sonho.

3.3. As esperanças encontram-se no futuro

Acreditar no futuro do mundo e da humanidade talvez seja o maior desafio com o qual a terceira idade se depara. É conhecida uma frase do grande General De Gaulle, quando não conseguia mais conter as ondas de protestos estudantis em 1968, na França: *Après moi, le deluge.* Isto significa: depois de mim virá o dilúvio; ninguém será capaz de dar continuidade à minha obra. Claro que esta não é uma tentação específica da vida religiosa, nem da terceira idade. Ao contrário: é uma constante na mente de todas as pessoas que se julgam insubstituíveis. Entretanto, indiscutivelmente, com o passar dos anos, quando alguém construiu grandes obras ou imprimiu suas marcas na história, real ou imaginária, a tentação de desesperar em relação ao futuro vai tomando vulto. Daí a importância da autocrítica amadurecida de quem não deixa de valorizar seu próprio empenho, mas ao mesmo tempo não deixa de acreditar que Deus conduz a história, mormente a Igreja. Acreditar no futuro não é apenas uma questão vital: é uma questão de fé.

É muito difícil escrever algo de mais substancial sobre a terceira idade. Difícil porque quem escreve nunca se sente diretamente envolvido; difícil porque se tende a exagerar ora para um lado, ora para outro, sobretudo no que se refere ao fazer ou deixar de fazer. Daí a importância de não se perder de vista que o verdadeiro enfoque em relação a qualquer idade, mas mormente à terceira, não pode ser a da operacionalidade. Pretender competir com os mais novos em termos de fazer é caminhar para um fracasso certo. Pelo que vimos, a tônica na terceira idade encontra-se muito mais na linha do ser e, mais precisamente, do ser sábio. Ora, a pessoa sábia é aquela que não quer esconder nada em termos de fraquezas; que não quer negar nada em termos de conquistas reais; que não padroniza; que sabe respeitar a alteridade; que não exalta o passado e, muito menos, desconfia do presente e do futuro. Uma coisa é certa: vislumbrar a terceira idade é certamente uma graça; mas também é, com certeza, uma conquista que deve ser preparada ao longo de toda a vida.

XI
Drogas e reforço genético: fugindo dos limites da vida

Há alguns decênios era muito comum encontrar tratados sobre drogas, como se fossem uma espécie de problema isolado. Aos poucos foi ficando claro que a droga é apenas uma das muitas expressões de mecanismos de fuga que afetam os seres humanos. Assim, à primeira vista, naturalmente não há razões para aproximar drogas e reforço genético. E, de fato, os dois fatores não têm nada em comum entre si mesmos. Entretanto, a ligação pode existir ao nível das motivações das pessoas. A questão de fundo e sempre renovada que se coloca a cada pessoa é a de, por um lado, buscar o que está ao seu alcance para ser ela mesma; por outro, a vontade de superar-se em todos os sentidos, sobretudo ao nível da energia física e psíquica. E é neste contexto que, no quadro de competições de todo tipo, a busca de reforços se torna até compreensível. Basta pensar nas competições esportivas, cada vez mais exigentes.

Como o uso de vários tipos de drogas é cada vez mais preocupante, vamos dar destaque a este ângulo, mas como a busca de reforço genético já começa a ser e será sempre mais uma realidade, não há como simplesmente ignorar o fato. Num primeiro momento focaremos o uso das drogas e os primeiros ensaios de reforço genético; num segundo momento nos perguntaremos pelos porquês de tudo isto; num terceiro momento veremos as coordenadas que podem levar à aceitação dos limites do humano e a consequente fuga da fuga. Em nenhum dos casos se visa a um tratado, mas somente a uma pontualização.

1. Drogas e reforço genético: os fatos

O uso de drogas não é fato recente. Até pelo contrário: é conhecido desde a Antiguidade. Na Idade Média, na Europa Ocidental, eram recomendados certos unguentos na base de beladona e plantas medicinais que hoje seriam caracterizadas com o nome genérico de drogas. Também em parte do mundo árabe, na mesma época, era conhecido o haxixe, originário da Índia. Os indígenas de vários países andinos utilizavam marijuana, enquanto os indígenas do Peru mascavam folhas de coca para aliviar os rigores do inverno e aguentar os duros trabalhos, quando escravizados pelos conquistadores. Por aí já se vê que a novidade não se encontra no uso de certas substâncias, mas na intensidade e na variedade dos produtos.

De fato, a droga deixou hoje de ser um problema de pessoas ou grupos para se transformar num dos maiores problemas sociais; deixou de ser um simples produto da natureza para se tornar uma poderosa indústria, mais exatamente uma das mais poderosas indústrias. Esta indústria move bilhões de dólares, atinge todas as camadas da população, imprime certos ritmos sociais e determina certos comportamentos. Exércitos de traficantes se constituem em verdadeiros estados dentro dos estados, e por vezes com armas mais poderosas do que os representantes dos estados. E isto não somente em algumas regiões, mas em praticamente todas as regiões do mundo. No Brasil e nos vários países subdesenvolvidos da América Latina uma vez ou outra se dá uma "apreensão" sensacional de grande quantidade de drogas, para assim a população continuar crendo que os vários regimes são inimigos declarados dos dependentes de drogas e dos traficantes. A polícia seria a mais interessada no combate às drogas... A força e a organização são os primeiros traços característicos da droga em nossos dias. Mas existe outro, que decorre do primeiro: trata-se de um dos mais poderosos mecanismos de manipulação das massas. De fato, em se considerando os efeitos das drogas, pode-se afirmar que, através delas, pessoas e populações inteiras deixam de ser elas mesmas para se transformar em verdadeiras marionetes nas mãos dos traficantes e dos donos das drogas, passando a viver num estado de completa alienação.

Embora tão generalizado o uso de drogas, existe, na realidade, uma confusão muito grande no que diz respeito à compreensão tanto do termo quanto do fenômeno. Sob o nome de "drogas" se designam normalmente substâncias capazes de alterar transitoriamente o psiquismo, ou mesmo afetar profundamente o comportamento de alguém. É preciso não confundir "droga" com tóxicos. Nem toda droga contém tóxicos e nem todo tóxico é considerado como droga: basta pensar no fumo, altamente tóxico e, ao menos entre nós, não considerado como droga. Também o álcool, que afeta o comportamento de milhões de pessoas, não é considerado droga. Apenas para se ter uma ideia das drogas mais conhecidas e mais utilizadas, convém apresentar uma pequena lista: barbitúricos, anfetaminas, ópio, morfina, heroína, cocaína, maconha, LSD... A questão de fundo que se levanta é esta: Como explicar o uso crescente de drogas, apesar dos seus comprovados malefícios e das aparentes perseguições movidas contra os que delas fazem uso e contra os "traficantes"?

As drogas não são o único fenômeno pessoal e social capazes de causar grandes transtornos: pouco a pouco começam a preocupar as interferências mais ou menos profundas da biotecnologia sobre a personalidade humana. Na medida em que se foram conhecendo melhor as coordenadas genéticas e a biotecnologia foi ganhando expressão, foram se colocando perguntas sobre a capacidade de interferência num nível ainda mais profundo do que aquele das drogas: o nível genético. No capítulo IV desta segunda parte já tivemos ocasião de sinalizar as implicações não apenas biológicas, mas até antropológicas das interferências dos laboratórios. A transmissão da vida em laboratório e as tentativas de terapia gênica são apenas os aspectos mais sensacionalistas ligados à interferência dos laboratórios. Entretanto, é preciso ter presente que estas interferências, por mais significativas que sejam, não se restringem ao início da vida: elas tendem a interferir ao longo de toda a vida. Para além disso tudo abrem-se ainda outras possibilidades, que são as de engenheirar as pessoas, mesmo adultas. A expressão popular turbinar pode servir de ponto de comparação para interferências que vão muito além do nível estético ou mesmo estritamente biológico. O nível genético é aquele que se constitui no substrato de toda a personalidade. E é neste nível que se começa a agir, na tentativa de aprimorar os seres humanos, capacitando-os de uma maneira nunca imaginada anteriormente. Filmes como *O caçador de androides* e *Gattaca* colocam-se no nível da fantasia, mas não deixam de apontar numa direção para a qual se está caminhando rapidamente. A pergunta que se coloca é sobre o porquê de tudo isto.

2. Os porquês da busca de insumos

Como sugerimos, os fenômenos acima descritos são apenas exemplos de verdadeiros mecanismos que atuam com sempre maior força no sentido de alterar os comportamentos. Muitas são as razões aventadas para explicar estes fenômenos. Em se tratando das drogas, pode-se dizer que há duas cadeias de causas: causas pessoais e causas sociais. Entre as causas pessoais deveríamos apresentar o alívio da dor (as pessoas que começam com receita médica e depois se viciam); a superação da angústia (desemprego, falta de perspectivas para o futuro etc.); a imitação; o modismo; a conquista por parte dos traficantes etc. Existem mesmo pessoas que utilizam drogas para buscar o belo e, eventualmente até, para buscar um maior contato com o transcendente. Outras causas são de cunho mais nitidamente social. O aparelho social moderno arrasta sobretudo os jovens para uma vida cheia de contradições: oferece tudo, mas nega tudo ao mesmo tempo. Tudo parece muito fácil de ser conseguido; as aspirações são acirradas, mas na realidade as desilusões são sempre crescentes. Basta pensar no generalizado problema do desemprego: milhões de jovens são "preparados" para o trabalho e no momento de o assumirem são descartados. O consumismo acirra os apetites em todas as direções, mas sem dinheiro nada se consegue. Tudo isto faz pensar que muitos jovens se atiram para as drogas como uma maneira de contestar tudo o que ali está, a começar pela estrutura da própria família e da própria sociedade.

É preciso notar, contudo, que, ao contrário do que normalmente se pensa, o consumo de drogas não se restringe às camadas jovens. As estatísticas mostram que o número de adultos não é menor. Isto só vem reforçar a tese de que quanto mais se acumulam as desilusões, tanto maior é a propensão para a droga. As frustrações da vida nos seus vários setores (profissional, acadêmico, sexual) são situações donde brotam necessidades de sublimação, que a droga simula ter ou proporcionar. Assim sendo, fuga e protesto estariam na raiz da maior parte das pessoas entregues às drogas. Entretanto, se isto é verdadeiro, é preciso ter claro que existem razões de ordem mais estritamente econômica, política e ideológica. Os grandes incentivadores do consumo de drogas são exatamente os regimes corruptos e sem ideais. Ademais, não se pode perder de vista que para os regimes autoritários, ou mesmo de democracias formais, os jovens são um potencial ameaçador em termos de mudanças sociais mais profundas. Daí o interesse destes regimes de que eles se entreguem à droga. Os drogados nunca provocam agitações sociais... Temos assim configurados alguns aspectos primordiais: interesses econômicos, políticos e ideológicos são os grandes propulsores da produção e do consumo de drogas.

Contudo, na medida em que associamos a droga à biotecnologia, não podemos deixar de acenar para um nível mais profundo ainda: é o de uma insatisfação com o seu próprio modo de ser e de existir. É verdade que esta insatisfação vem orquestrada por uma série de fatores externos e internos. O fato é que, como já acenamos no capítulo quarto desta segunda parte, junto com o culto de certos corpos, há todo um esvaziamento do seu próprio corpo. Ou seja: ninguém mais parece satisfeito com o que tem e com o que é: nem física, nem espiritualmente. O difícil é admitir que se deve viver dentro de certos limites. Esta insatisfação profunda se traduz no fato de um número sempre maior de pessoas tentar, por todos os meios, modificar seu visual, seja para imitar alguma personalidade mais marcante, seja para expressar sua insatisfação consigo mesmas. Aquilo que até há pouco não passava de um nível bastante periférico mergulha agora num nível de maior profundidade. Produtos de cunho biogenético se conjugam com instrumentais biotecnológicos para transformar radicalmente as pessoas. Isto já começa a ser sentido na figura dos pais, que se julgam quase na obrigação de recorrer aos laboratórios para garantir certas características a seus descendentes. Junto com a busca de um aprimoramento da espécie percebe-se a confissão de um descontentamento com ela assim como se apresenta. Assim, o recurso a drogas e a outros processos para acentuar certas expressões e reduzir outras talvez não seja mais do que uma expressão da fuga. Incapazes de encontrar sua identidade profunda, muitos seres humanos partem para todo tipo de expedientes para preencher o vazio de sua existência: é a fuga da fuga.

3. O que fazer?

Esta é uma questão muito complexa, uma vez que remete para uma realidade também muito complexa. Mas talvez possamos apontar em três direções primordiais. Em primeiro lugar, considerando-se as pessoas vazias e viciadas, é preciso não perder de vista que são sempre pessoas que "sonham" com algo de melhor do que a vida real lhes pode oferecer. A droga se constitui num modo de buscar uma "liberdade" apregoada, mas que na prática vem negada. O apelo para recursos mais modernos, na busca de um reforço, apresenta-se de maneira paradoxal: seja como expressão da insatisfação daquilo que se é, seja como expressão daquilo que se desejaria ser mas não se é. Daí a tarefa primeira em termos pedagógicos de se sensibilizar as pessoas e as sociedades para a formação de condutos onde todos se sintam convidados a participar. A humanização das estruturas sociais, familiares, será um passo importante na superação dos problemas subjacentes.

Em seguida, a sociedade em que vivemos é uma sociedade que carrega consigo as marcas da unidimensionalidade. Ela sempre aponta para a mesma direção: acumular bens, poder, honras. Uma educação global, que não seja reducionista, mas que abra o ser humano para suas múltiplas dimensões, particularmente para o transcendente, é indispensável para que maior número de pessoas possa encontrar sentido para a vida no meio das contradições. Ao vazio que projeta as pessoas para a ilusão é preciso propor uma vida pessoal e social cheia de sentido. E isto só é possível na medida em que forem sendo cultivados outros valores, particularmente os da partilha e da solidariedade.

Muito próxima deste objetivo encontra-se a educação para todos os valores e até mesmo para as normas morais. Os padrões sociais surgem porque deles os seres humanos têm necessidade. Por isso, quando os padrões se desintegram, os seres humanos procuram caminhos para sair da sua situação insustentável. Daí a busca desenfreada do prazer, do álcool, dos entorpecentes ou coisas semelhantes.

Em suma, o problema das drogas, como tantos outros problemas, não pode ser solucionado isoladamente. Um tratamento individual, por mais importante que seja, nunca representará uma solução. O problema das drogas aponta em outra direção: testemunho de uma sociedade desintegrada, sob os mais diversos aspectos, ele só será solucionado através de uma nova sociedade. E por outro lado, os anseios de ultrapassar seus próprios limites só poderão ser preenchidos na medida em que forem abertos outros canais que não busquem na criatura aquilo que só pode ser encontrado no Criador.

XII
Questões bioéticas relativas ao final da vida[*]

O debate sobre eutanásia tem recebido destaque da imprensa e a atenção de vários profissionais da saúde, além de despertar o interesse de membros dos Poderes Legislativo e Judiciário. A expressão *morrer com dignidade* se transformou num *slogan* confuso. De um lado, é proclamado por grupos e movimentos favoráveis ao desligamento de aparelhos que mantêm vivo um paciente. De outro, é defendido por aqueles que, contra a transformação da pessoa humana em mero objeto, colocam-se contra o prolongamento abusivo da vida humana através de tratamentos fúteis. Como se pode observar, há, para a mesma definição, não só duas, mas uma variedade de significados. Neste sentido, é necessário afirmar que o termo eutanásia (do grego *boa morte*, que também pode significar *morrer com dignidade* ou *morrer em paz e sem dor*) é ambíguo e inclui situações distintas e, muitas vezes, diametralmente opostas. Alguns, por exemplo, incluem no entendimento sobre eutanásia atos que, embora apresentem um desfecho semelhante,

---

[*] Este texto foi escrito pelo Prof. André Marcelo M. Soares em coautoria com o Dr. João Carlos de Pinho, médico especialista em Terapia Intensiva pela Associação de Medicina Intensiva Brasileira, especialista em Cardiologia pela Sociedade Brasileira de Cardiologia, especialista em Cirurgia Cardiovascular pela Universidade do Estado do Rio de Janeiro e membro da Associação dos Médicos Católicos da Arquidiocese do Rio de Janeiro.

são conceitual e clinicamente distintos. Assim, pode-se chegar a identificar como eutanásia tanto a não aplicação de um tratamento como a suspensão deliberada dos meios utilizados para manter um paciente vivo.

Justamente por apresentar valorações ética e jurídica distintas, é necessário empreender um esforço para chegar o mais perto possível de uma definição mais clara e menos equivocada de eutanásia. A Encíclica *Evangelium Vitae* a define assim:

> Uma ação ou omissão que, por sua natureza e nas intenções, provoca a morte com o objetivo de eliminar o sofrimento. A eutanásia situa-se, portanto, ao nível das intenções e ao nível dos métodos empregados (n. 65).

1. Aclarando conceitos

Para escapar da ambiguidade e expor a questão de forma sistemática, é importante diferenciar situações com termos distintos, alguns dos quais, há algum tempo, são utilizados com frequência:

1. *Distanásia*: situação na qual a assistência médica, centrada unilateralmente no prolongamento da vida, transforma-se em obstinação terapêutica, prolongando irracionalmente o processo de morte. Os norte-americanos usam a denominação tratamento fútil, em lugar de obstinação terapêutica, comum entre os europeus.

2. *Cacotanásia*: situação em que ocorre a morte de um paciente sem levar em conta seu direito de ser tratado. Pode ser exemplo a morte de um paciente na fila de um hospital em que buscava tratamento.

3. *Ortotanásia*: situação em que se reconhece a inutilidade do tratamento para manter vivo o paciente. Neste caso, recorre-se aos cuidados paliativos sem, contudo, utilizar meios para abreviar a vida. É situação intermediária entre a eutanásia e a distanásia.

4. *Eutanásia*: no sentido estrito, ocorre quando, no uso de suas faculdades mentais, o paciente solicita ao médico que ponha fim a sua vida. Este tipo de eutanásia também é conhecida como eutanásia voluntária ativa direta. Ela é voluntária, porque é solicitada pelo próprio paciente; caso contrário seria eutanásia involuntária ou cacotanásia. É ativa, porque se realiza uma ação positiva para pôr fim a uma vida. Se, no lugar desta ação, se omitisse um tratamento, tratar-se-ia de eutanásia passiva. É direta, porque há intenção explícita de pôr fim a uma vida. Quando, por exemplo, são administradas doses de analgésico com o propósito de reduzir a dor e o sofrimento de um paciente, sem ignorar a possibilidade de causar a sua morte, ocorre o que chamamos de eutanásia indireta. Em outras palavras, o objetivo primeiro não é o de pôr fim a uma vida, mesmo sabendo que a consequência pode ser a morte.

2. Eutanásia e Doutrina da Fé

Em 1980, a Congregação para a Doutrina da Fé publicou a *Declaração sobre a eutanásia*, ressaltando os seguintes pontos:

1. A eutanásia é condenada, porque atenta contra um direito fundamental, irrenunciável e inalienável.

2. A dor possui um valor cristão, mas não seria prudente impor como norma geral um comportamento heroico. Ao contrário, a prudência humana e cristã sugere o uso de medicamentos para abreviar ou suprimir a dor.

3. A obstinação terapêutica é condenada, em favor da dignidade da vida humana.

4. O direito de morrer com serenidade e com dignidade humana e cristã é defendido, sem que isto signifique a procura voluntária da própria morte.

5. A terminologia meios *ordinários* e *extraordinários* é superada, utilizando-se, em seu lugar, uma nova categoria conceitual, a dos meios *proporcionais* e *desproporcionais*. O objetivo desta nova terminologia é avaliar o caráter de um meio terapêutico: tipo, grau de benefício, riscos adicionais, custos, possibilidade de aplicação quanto à resposta e às condições físicas e morais do enfermo. A mudança de termos visa a alcançar com mais clareza as circunstâncias que envolvem um doente em seu processo de morte.

6. O pedido de eutanásia não deve ser tomado como expressão da verdadeira vontade do enfermo. Este pedido manifesta o desejo angustiado de assistência e de afeto.

3. Desconstrução dos equívocos

Há, como foi dito até aqui, imprecisão no uso dos conceitos de eutanásia, distanásia e ortotanásia. Algumas vezes aplica-se o mesmo conceito a situações completamente diferentes. Também não é raro encontrar especialistas que classificam diversamente uma mesma situação.

Os que defendem a eutanásia o fazem valendo-se de dois princípios: o da autonomia e o da inutilidade do sofrimento. Assim sendo, naqueles casos de enfermidade grave e irreversível, o médico estaria autorizado a realizar a *eutanásia ativa* nos pacientes.

A partir do Iluminismo observa-se uma secularização progressiva da sociedade, expressa por uma orgulhosa autossuficiência, que resultará na negação de todos os valores e na negação de Deus. Começam a prevalecer o bem-estar e o prazer e a dignidade da vida humana passa a ser avaliada sob o prisma da capacidade produtiva, da utilidade e da habilidade de dar e receber prazer. É neste ambiente que o sofrimento passa a ser ignorado como parte da situação existencial humana.

Atualmente, muitas pessoas, inclusive cristãos, acreditando defender ideais de humanidade e misericórdia, acabam caindo na armadilha criada pela multiplicação de terminologias. Os próprios meios de comunicação social têm contribuído para a difusão de equívocos cada vez mais complexos. O fator econômico também é um elemento importante utilizado na defesa da eutanásia. Algumas instituições e alguns profissionais da saúde acreditam que seria mais eficaz, do ponto de vista financeiro, limitar o uso dos recursos terapêuticos aos pacientes com maior possibilidade de recuperação. Em outras palavras, por trás da defesa de uma morte digna e sem dor encontra-se a intenção de eliminar da prática clínica e do cuidado a beneficência sem retorno e, com isso, evitar custos desnecessários para o Estado e para as empresas particulares de saúde.

4. Assistência médica ao final da vida

Do ponto de vista moral, a *eutanásia* é totalmente condenável. Mas é importante observar que também a *distanásia* é condenável. Ambas possuem em comum o fato de desviar a morte de seu curso natural. Enquanto a *eutanásia* antecipa a morte, a *distanásia* prorroga sua chegada. As duas encontram-se em extremidades opostas. Entre elas, encontra-se a *ortotanásia*. Nesta linha de pensamento, situam-se os cuidados paliativos ou *medicina paliativa*.

De acordo com a *Evangelium Vitae*,

> Nestas situações, quando a morte se anuncia iminente e inevitável, pode-se em consciência renunciar a tratamentos que dariam somente um prolongamento precário e penoso da vida, sem, contudo, interromper os cuidados normais devidos ao doente em casos semelhantes (n. 65).

Até o início do século XX, o médico dispunha de muito poucos recursos terapêuticos efetivos. A era dos antibióticos só tem início no final da década de 1930 com o advento da penicilina. O suporte respiratório mecânico, como conhecemos hoje, tem como marco a epidemia de poliomielite em Copenhague, por volta de 1952. A desfibrilação cardíaca (choque elétrico no tórax para reverter a parada cardíaca) e as Unidades de Tratamento Intensivo (UTI) também só aparecem na segunda metade do século XX, no início da década de 1960. Sendo assim, não dispondo de outros recursos, procuravam os médicos estar junto dos seus pacientes, aliviando a dor e outros sintomas, dando conforto psicológico e espiritual. O médico assumia uma função sacerdotal. Assim diz o primeiro Código de Ética Médica brasileiro, publicado em 1867: *Para ser ministro da esperança e conforto para seus doentes, é preciso que o médico alente o espírito que desfalece, suavize o leito de morte, reanime a vida que expira e reaja contra a influência deprimente destas moléstias...*

A visão médica do sofrimento começa a mudar em meados do século XX. Com a introdução dos cuidados intensivos, a medicina declara guerra contra a doença e a morte. Isto fica claro no Código de Ética Médica de 1931: *...um dos propósitos mais sublimes da medicina é sempre conservar e prolongar a vida.* Observa-se a mudança de paradigma da medicina, que passa a dar ênfase progressiva à esfera científico-tecnológica do cuidado. Surge daí uma competição com a morte e um esforço desmedido de prolongar, ao máximo e a qualquer preço, os sinais vitais. Este é o processo intimamente relacionado à distanásia. Em alguns casos, de modo especial nas UTIs, acaba ocorrendo o inverso: ao invés de prolongar a vida, prolonga-se o processo da morte.

Aqui cabe ressaltar a diferença entre *cuidados básicos* e *suportes avançados de vida*. Os *cuidados básicos* (nutrição ainda que por via artificial, hidratação, higiene, aquecimento e analgesia) são garantidos a todos os pacientes, do momento da concepção até o momento da morte, independente de qualquer condição. Já os *suportes avançados*, que incluem o suporte mecânico da respiração, drogas vasoativas (para aumentar a pressão arterial), diálise etc., podem tanto ser a ponte para a recuperação dos pacientes quanto o instrumento de obstinação terapêutica.

Não se deve concentrar a assistência médica exclusivamente no prolongamento da vida do paciente. Embora seja verdade que a luta contra a doença e a morte prematura constitua um dos objetivos da prática médica, o princípio hipocrático da não maleficência, isto é, de não impor sofrimento desnecessário ao paciente, deve ser observado em situações terminais, quando as ações médicas podem ser consideradas fúteis.

A proximidade da morte não deve privar o enfermo de seu protagonismo. Como lembra a *Evangelium Vitae*: *quando se aproxima a morte, as pessoas devem estar em condições de poder satisfazer as suas obrigações morais e familiares, e devem sobretudo poder se preparar com plena consciência para o encontro definitivo com Deus* (n. 65). Isto não significa, entretanto, dar ao enfermo o direito de solicitar procedimentos de eutanásia. Consciente da frivolidade de seu tratamento, o enfermo tem o direito de prosseguir com meios paliativos, aguardando o curso natural da própria vida.

Tal como a eutanásia, a distanásia é irracional e eticamente reprovável. Criar situações nas quais se prolonga quantitativamente a existência de um enfermo, às custas de obstinação terapêutica, é inaceitável. A morte de um paciente nem sempre representa o fracasso de um médico; o verdadeiro fracasso é impor a alguém uma morte desumanizada. É necessário avaliar com prudência o que é proporcional e o que é desproporcional numa determinada situação de dor e sofrimento.

É legítimo morrer dignamente. O que não é legítimo é antecipar ou retardar o processo de morte. Neste sentido, tanto a eutanásia como a distanásia são igualmente repudiáveis.

XIII
Situações de risco e suicídio: assumindo o próprio destino

Basta viver para se estar em situação de risco. A qualquer momento pode ocorrer algum fato que coloque em risco a vida. Além disso, quando se pensa nas grandes conquistas do universo, não se pode deixar de reconhecer que elas foram carregadas de riscos. Basta pensar nas primeiras travessias marítimas, nos primeiros voos, nas conquistas espaciais. Em meio aos riscos de vida, há aqueles que se assumem, esperando-se conseguir algo que valha a pena, e aqueles que se assumem sem motivação outra que não seja a sensação de perigo. É nesta linha que se encontra a prática de certos esportes tidos como perigosos. Em qualquer uma destas situações sempre existe algum risco de vida assumido por uma pessoa consciente do que está fazendo.

É dentro deste contexto que convém abordar o problema do suicídio, pois este, apesar das aparências em contrário, nem sempre se encontra na linha da fuga das responsabilidades e nem sempre resulta de uma grande ilusão. No fundo, o suicídio se coloca mais na linha de riscos, onde a morte ou é desejada, ou ao menos é assumida como uma possibilidade real. O fato é que este é um problema que vem acompanhando a história da humanidade. Com maior ou menor intensidade, com maior ou menor dramaticidade, sempre houve pessoas que anteciparam sua morte. Houve inclusive grupos de pessoas que, pelas mais diversas razões, resolveram dar um término às suas vidas. Sendo assim, não se pode dizer que o suicídio se constitua num problema novo. Contudo, o que parece novo, ou ao menos ganhou maior expressão, é o tipo de suicídio resultante de certas situações atuais, quando, movidas por convicções religiosas ou políticas, pessoas planejam cuidadosamente ações que levam ao seu fim. O exemplo mais típico encontra-se nos suicídios dos insurgentes do Iraque. Um juízo ético destas novas situações recomenda que coloquemos toda a questão, distinguindo os vários tipos de suicídio, e as tônicas diferentes.

1. Vários tipos de suicídio e abreviação da vida

Quando se fala de suicídio vem logo à mente um duplo sentido: um negativo e outro até certo ponto positivo. O sentido negativo recobre aqueles casos de pessoas que, literalmente, fogem de uma situação difícil, buscando um término para seus sofrimentos. O sentido até certo ponto positivo encontra-se vinculado a pessoas que, como os filósofos Sócrates e Sêneca, achavam que, em certas circunstâncias, o suicídio representava uma atitude de coragem e sabedoria. Segundo Sêneca, o sábio não vive enquanto pode, mas enquanto deve... Sua única preocupação é o valor e não a duração de sua existência... Morrer cedo ou tarde, pouco importa. O que importa é morrer bem ou mal. Ora, morrer bem é escapar do perigo de morrer mal. Mais surpreendente ainda são certas posturas apresentadas de maneira positiva até por Santo Tomás de Aquino (2,2ae, 64,5 ad 4). Segundo ele e alguns outros santos, haveria lugar para uma espécie de suicídio por inspiração divina. Neste caso se encaixam Sansão, Santa Pelágia, Santa Berenice e Santa Apolônia.

Ainda encarnando um certo sentido positivo, vão aparecer suicídios ligados a uma causa nobre. Nesta linha podem ser compreendidas certas formas de jejum e certas greves de fome, onde alguém está disposto a oferecer a vida por um bem que julga maior. A pressuposição aqui é a de que não se trata de nenhum tipo de fuga, muito menos de covardia, mas do resultado lógico de uma coerência de vida. Na linha do jejum convém ter presentes os 40 dias de jejum que Jesus assumiu para preparar-se para a missão. Numa perspectiva semelhante vamos encontrar um São Francisco de Assis, fazendo dois períodos de 40 dias de jejum por ano. Foi em vista disso e de outras formas de penitência, que se autoinfligia, que no final da vida ele achou por bem pedir perdão ao irmão burro por havê-lo maltratado tanto. Em outros casos, o valor visado não é um bem estritamente espiritual, mas um bem ligado à pátria. Suicídios por protestos de cunho político colocam-se nesta mesma linha. Aqui vamos deparar-nos com uma série de episódios ocorridos no século passado: camicases japoneses, monges budistas durante a guerra do Vietnã, xiitas no Líbano, Yan Palach, quando da invasão da Checoslováquia pela Rússia, em 1968.

Numa linha parecida, mas muito difícil de ser compreendida, situa-se a questão dos homens e mulheres-bomba do Iraque. Em comum com outros sacrifícios da vida acima aludidos, eles têm o quadro de fundo da invasão de seu país. Contudo, aqui entram ainda outros fatores complicadores: fanatismo religioso, facções internas e, naturalmente, o fato de não apenas se matarem, mas matarem muitos inocentes. Como se vê, numa cultura de morte, onde se mata e se é morto com tanta facilidade, tanto a própria vida quanto a dos outros parece apresentar pouco valor.

2. Vários tipos de compreensão

Antes de se proceder a uma análise propriamente ética, talvez convenha ter presentes algumas abordagens a partir das ciências humanas e do ponto de vista social. Entre estas convém ressaltar a contribuição da psicologia do profundo e da sociologia.

Para a psicologia do profundo, o ser humano vem marcado por uma dupla pulsão: eros e tânatos. Eros significa fala, comunicação, alegria, comunhão, vida; tânatos significa silêncio, isolamento, tristeza, afastamento, morte. Enquanto se mantém o equilíbrio entre as duas pulsões, as pessoas podem apresentar momentos de depressão, mas a pulsão pela vida se sobrepõe. Contudo, há uma série de fatores e circunstâncias que podem empurrar as pessoas para buscar a morte. Disposições de ordem psíquica, de ordem física, individuais e supraindividuais, vão como que preparando o clima propício para o suicídio. Grandes desilusões, falta de apoio em momentos de crise, ao mesmo tempo que empurram as pessoas para uma situação depressiva, vão abrindo a perspectiva do suicídio como uma espécie de fuga do sofrimento. É de se notar que a pulsão da morte parece ser mais forte na adolescência e na velhice. No primeiro caso, porque a pessoa ainda não encontrou um sentido para sua vida; no segundo caso, porque a pessoa chegou à conclusão de que nada mais pode esperar para seu futuro. Uma mescla de sentimentos contraditórios pode ser o capítulo final de uma vida malresolvida.

A perspectiva sociológica não ignora os dados pessoais, mas interpreta-os dentro de um âmbito bem mais amplo. Desde Durkheim, uma espécie de pai da sociologia moderna, os fatores socioculturais não podem ser ignorados. Quanto mais baixo o grau de integração de uma sociedade, mais alto o número de suicídios. Também há uma correlação entre aumento de suicídios e clima de anomia: ou seja, os suicídios parecem aumentar quando as normas perdem a capacidade de regular o comportamento das pessoas. Grandes crises de ordem econômica, social e sobretudo moral se constituem em ambiente propício para suicídios. Mas até mesmo fora deste contexto de crises, as sociedades modernas parecem carregar em seu bojo ao menos três fatores específicos:

acirram a conflitividade, o consumismo e criam necessidades que poucos podem atingir.

3. Abordagens éticas

Os breves acenos feitos acima já são suficientes para nos garantir que o suicídio levanta mais questões do que respostas. Seja que tentemos interpretá-lo sob o ângulo pessoal, seja social, suas razões mais profundas sempre nos escapam. Por isso mesmo, tanto sob o aspecto ético quanto pastoral, impõe-se uma grande cautela, sob pena de cometermos graves erros de avaliação. É verdade que, normalmente, o suicídio vem precedido por uma trajetória mais ou menos longa. Por isso mesmo, seria imprudência prender-se unicamente aos instantes finais. Normalmente o suicídio será apenas o último capítulo de longa trajetória. A responsabilidade ética pode encontrar-se mais na trajetória do que no capítulo final.

Mas, mesmo quando nos distanciamos do capítulo final, vamos deparar-nos sempre com um emaranhado de razões, sentimentos e valores que costumam escapar de qualquer avaliação sobre a responsabilidade das pessoas. Quem privilegia a abordagem psicológica normalmente vai insistir sobre desequilíbrios de caráter emocional. Quem prefere fazer uma leitura de caráter mais sociológico vai insistir sobre os fatores sociais, que dificultam encontrar um sentido para a vida. Quem se coloca num prisma mais teológico irá sempre respeitar o mistério da vida e do Criador desta vida. Como observa Bonhöffer, o direito ao suicídio só desaparece na presença do Deus vivo. Para quem não crê, o dar um fim à sua vida permanece como a última possibilidade de encontrar um sentido à própria vida, mesmo no momento em que esta é destruída. E no caso de um holocausto consciente por uma causa, ainda que ela nos pareça equivocada, o juízo moral deverá no mínimo ser suspenso. Pois nós nos encontramos diante de um horizonte que ultrapassa a compreensão humana. De qualquer forma, a complexidade que se esconde por trás dos vários tipos de suicídio, bem como a análise das causas nos alertam para as responsabilidades, tanto pessoais quanto sociais, de se construir relações humanas profundas que permitam a todos e a cada um encontrar razões para viver.

XIV
Bioética: do consenso ao bom-senso

Com certeza, cada um dos referidos procedimentos para a transmissão da vida em laboratório apresenta sua especificidade técnica e, portanto, também ética. Contudo, quando se chega à raiz das questões, logo se percebe que estas não se reduzem à já clássica pergunta de cunho casuístico sobre o que fazer com os embriões congelados. Uma vez produzidos, eles vão colocar seus donos diante de algumas possibilidades: implantar, congelar para utilização futura, comercializar em parte ou no todo, ou então eliminar. Estas hipóteses nos fazem perceber de imediato os muitos e novos desafios éticos que esta nova realidade nos impõe.

1. Transmissão ou produção da vida?

O posicionamento ético aponta em primeiro lugar para o *significado da vida e da transmissão da vida*. É natural que os pais queiram cercar-se de todos os cuidados para que seus descendentes sejam saudáveis e fortes. Como é natural que queiram garantir para eles boas perspectivas de vida. Isto implica buscar todos os recursos possíveis, no sentido de sinalizar e superar eventuais transtornos. Os progressos científicos e tecnológicos abriram caminho para todo tipo de conhecimentos e de interferências sobre os mecanismos mais secretos da vida. Com isto parecem garantir a transmissão *responsável* da vida.

Contudo, é exatamente nesta direção que se coloca o primeiro problema de cunho ético. Compreende-se que, em se tratando de plantas e animais, os seres humanos queiram produzir sempre mais e melhor. Isto pode constituir-se num verdadeiro progresso e até numa necessidade para garantir a subsistência de todos. Acontece que, em se tratando da vida humana, o que humaniza não é seguramente uma *produção*, mas uma *expressão*. No caso de bens materiais, quem produz muito e com melhor qualidade pode esperar um bom retorno. No caso da vida humana, não se trata de *produzir* e, muito menos, de esperar retorno. Pelo contrário, os filhos são *expressão* de uma relação profunda entre um homem e uma mulher. Os filhos são, portanto, resultado de um gesto gratuito de amor.

Se assim é, gerar filhos não pode ser considerado um *direito*, como se os filhos fossem propriedade dos pais, para dispor deles como se fossem um produto qualquer. Seres humanos não são propriedade de ninguém, mas *dons* que resultam de um gesto de amor entre um homem e uma mulher e se transformam em sinais permanentes deste amor que existiu. Os laboratórios podem e devem subsidiar, mas nunca substituir o casal nem o gesto que se encontra na origem de uma vida querida e acolhida. É que a qualidade de vida não depende em primeiro lugar nem exclusivamente do patrimônio genético: ela depende sobretudo de um fator que escapa à genética e que se denomina amor. É justamente deste amor insubstituível entre um homem e uma mulher que vai constituir-se o patrimônio afetivo, tão importante quanto o genético. E é também deste amor que vai emergir o patrimônio espiritual, com tudo o que isto representa, para que alguém possa viver intensa e profundamente.

2. Mecanização e comercialização

À luz deste pressuposto, que aponta para um sentido e uma atitude fundamental de vida, vai emergir uma segunda preocupação ética, que é com a *mecanização da vida*, inclusive da vida humana. Ao lado dos inegáveis e benfazejos ganhos, a mecanização decorrente da Revolução Industrial trouxe grandes perdas. A primeira delas aponta para o acirramento do espírito de dominação, que carrega consigo o desencantamento dos mistérios que circundam o universo. É isto que se encontra na origem dos modos de produção que não tratam os bens da criação como dons preciosos a serem administrados com sabedoria, para o bem de todos, mas que coisificam tudo, inclusive a vida em suas múltiplas manifestações. A segunda grande perda aponta para os graves problemas ecológicos daí decorrentes. Em vez de conviver com as demais criaturas, os seres humanos passaram a viver da exploração e até da morte delas. Diante deste quadro compreende-se a crescente perda de sensibilidade e até mesmo de sentido de vida. Isto significa que os seres humanos transferem para si e seus semelhantes a mesma agressividade que cultivam em relação às demais criaturas.

A questão se torna ainda mais aguda quando nos apercebemos dos pressupostos e das consequências decorrentes do mesmo espírito, mas agora comandando a revolução biotecnológica. Os problemas não se encontram na tecnologia e nem na biotecnologia, mas na mentalidade que está conduzindo esta revolução. Se, no primeiro caso, o desencantamento se concretiza em direção ao que se encontra fora dos seres humanos, agora ele se concretiza também no que se encontra dentro deles, e deles é constitutivo. A vida, mesmo humana, apresenta-se como decorrência lógica e necessária de mecanismos automáticos, melhor dito, de reações químicas. A vida seria uma simples questão química. Por conseguinte, também as pessoas não seriam mais do que o fruto de uma reação química. Assim sendo, o mesmo espírito materialista não vê maiores inconvenientes em *comercializar* a vida.

Embora a mercantilização não seja inerente à biotecnologia, o fato é que ela se tornou o mais novo e mais promissor ramo da economia. Cientistas abnegados, que se dedicam de corpo e alma para melhorar a qualidade de vida dos semelhantes, vão tendo que abrir sempre mais caminho para empresas de biotecnologia que, como qualquer empresa, visam lucros. A comercialização da vida, inclusive humana, tornou-se sempre mais uma realidade. Ela começa com um poderoso *marketing*, visando vender a ideia de que, hoje, paternidade e maternidade responsáveis só podem ser exercidas em laboratório. Gerar filhos à moda antiga só pode ser fruto de ignorância ou então, até mesmo, de negligência. Em decorrência das preocupações mercantilistas, as dificuldades reais da transmissão da vida em laboratório são cuidadosamente ocultadas. Só aparecem os sucessos. Como também são ocultados os custos, sejam financeiros, sejam emocionais, dado o desgaste oriundo das incertezas que acompanham as pessoas interessadas em gerar uma nova vida. Como também são ocultadas as dificuldades previsíveis da educação dos filhos e filhas de laboratório. O passo seguinte da comercialização faz aparecer todo tipo de mercadorias. Assim, comercializam-se os procedimentos prévios; depois, óvulos e espermatozoides; depois, células-tronco; depois, tecidos e órgãos...

3. Valorização ou volatilização dos corpos?

Ao longo da história, o corpo sempre foi uma espécie de sinal de contradição. Enquanto uns o exaltavam de maneira quase idolátrica, outros viam no corpo uma espécie de instrumento de pecado. A luta da Igreja e da teologia foi em grande parte manter uma espécie de difícil equilíbrio entre os pontos extremos de várias heresias. Entretanto, este movimento pendular da história parecia haver definitivamente anulado a dialética anterior. A década de 1960 caracterizou-se como o início não apenas da liberação sexual, mas também do culto do corpo. Num primeiro momento buscava-se desenvolver o que Foucault denominava de *biopoder,* através de todo tipo de atividades físicas e todo tipo de produtos adquiridos em sempre mais sofisticados templos de produtos de beleza. Num segundo momento começou-se a desenvolver todo tipo de cirurgias plásticas, envolvendo ora uma, ora outra parte do corpo. Mas, em meio a tantas transformações, a identidade básica parecia garantida.

Os avanços biotecnológicos propiciaram um aprofundamento na linha de toda sorte de chips, ou seja, todo tipo de próteses, sobretudo aquelas enriquecidas com os avanços da eletrônica. Mas este aprofundamento ainda pode ser considerado um tanto periférico, quando se pensa nas possibilidades abertas pela verdadeira engenharia genética. Corpos humanos passam a ser enriquecidos com cargas genéticas, de tal forma que os corpos originais passam a ser literalmente moldados não só externa, mas também internamente. Ou seja, a engenharia genética passa a levantar graves questões antropológicas no sentido da pergunta mais fundamental sobre a identidade profunda das pessoas.

Todo este movimento de supervalorização e superpotencialização do corpo poderia parecer o final de um processo. Contudo, paradoxalmente, na mesma década de 1960 começou outro movimento contrário, que passa a esvaziar progressivamente o corpo de sua densidade. Os ressaltos sobre os aspectos negativos vão revelando que os corpos naturais não são nem tão eficientes nem tão duráveis quanto parecem à primeira vista. Até pelo contrário: doenças, idade e outras circunstâncias vão revelando o corpo natural como uma espécie de fardo, pois, além de funcionar mal, sente logo o cansaço por qualquer esforço. Por isso mesmo, através de um estudo minucioso, as peças que já não funcionam vão sendo substituídas por outras mais duráveis e mais eficazes. Com isto as máquinas se transformam em corpos e os corpos originais, em peças de máquinas. Esta conjugação vai dar lugar a uma nova espécie de seres humanos: os homens-máquina, de alguma forma previstos por La Metrie em meados do século XVIII.

Mas o esvaziamento do corpo original, para dar lugar ao corpo mecanizado, não é ainda o capítulo final. Este capítulo vem sendo escrito agora, de uma maneira até certo ponto inesperada, pois o pêndulo da história não se inclina para o cultivo do corpo original, e sim para a anulação total. Agora já não é a realidade que passa a ser adequada às necessidades humanas, mas os seres humanos que passam a ser adequados à nova realidade. De fato, a engenharia genética, no sentido mais forte do termo, não apenas modifica corpos originais, mas vai esculpindo novos corpos com um código genético totalmente modificado. Talvez a comparação mais adequada para traduzir este novo momento histórico seja aquela da tela de um computador: cada um, a cada momento, vai escrevendo e reescrevendo o que bem entende. Genes, células, órgãos, são produzidos, fundidos e refundidos ao bel-prazer de quem domina a bioinformática. Aquilo que se pode denominar de desbiologização do corpo passa a tornar-se uma espécie de adeus ao corpo. Na realidade, este deixa de ser consistente, para se tornar algo de fluido como um texto de computador: o corpo se transforma numa espécie de hipertexto, que não apenas pode ser moldado, mas continuamente modificado. Pois o corpo da biologia moderna, assim como a molécula de DNA – assim como o corpo político ou o corpo de uma empresa –, não passa de uma rede informacional, ora máquina, ora mensagem, sempre pronta a passar de um ao outro. Ou, para usar outra comparação de Norbert Wiener, um dos pais da teoria da comunicação, não passamos de redemoinhos num rio de água sempre a correr. Não somos material que subsista, mas padrões que se perpetuam a si próprios. Dito de outra forma, depois de tudo isto a grande questão que sobra é esta: Mas afinal, onde se encontra meu corpo original? Sem dúvida a bioengenharia nos coloca o mais sério dos desafios antropológicos e, com isto mesmo, os mais sérios desafios éticos.

XV
Para além dos genes: a metáfora do "Livro da Vida"

Não é por acaso que livros de espiritualidade estão em alta. Não é por acaso que livros de cunho esotérico se constituem em sucesso garantido. Também não é por acaso que tudo o que se reveste de caráter misterioso é mais atrativo. Ainda não é por acaso que linguagem cifrada, senhas e "códigos" secretos fazem parte de todas as culturas, seja na forma oral, seja escrita. É que, de uma forma ou de outra, espiritualidade, esoterismo, misteriosidade, mensagens secretas evocam algo que transcende o quotidiano. Lá no fundo, ao tentar tirar o véu daquilo que se encontra oculto, o ser humano o faz na esperança de compreender melhor a si próprio e o mistério da origem de todos os mistérios. Como diz o Livro dos Provérbios (25,2) a grandeza de Deus consiste em esconder-se e esconder seus desígnios, enquanto a grandeza do ser humano consiste em tentar descobrir Deus e estes mesmos desígnios.

Por isso mesmo não constitui surpresa a sensação causada pela leitura progressiva do "Código genético". Afinal, depois de haver superado quase todas as barreiras dos mistérios do macro e do microcosmos, só faltava ao ser humano superar as barreiras do seu próprio mistério, ao menos enquanto realidade biológica. O código secreto que comanda a vida já não é mais tão secreto: o lacre foi rompido e os segredos começam a ser desvendados. Não só já é conhecida a estrutura básica do material genético, como sua leitura vai oferecendo respostas mais ou menos convincentes a muitas interrogações no que se refere aos componentes físico-químicos, sua disposição, suas articulações, suas funções. Com isto, questões ligadas à biogenética vêm liderando os assuntos de maior interesse, até em nível popular.

Entretanto, por maiores que tenham sido os avanços da biogenética nestes últimos anos, parece que subsiste ainda uma importante dimensão que só foi levemente sugerida. Trata-se do sentido que se esconde por trás desta "linguagem" estranha na qual vem escrito o "livro da vida". Por que, ao lado de tantas outras leituras, não se deveria fazer também uma leitura teológica? Claro que a tentativa de tal leitura requer pudor e muita precaução, para que não se tirem conclusões que vão além das premissas e não se proceda à mixagem de disciplinas e realidades diferentes. Afinal, estamos diante de uma linguagem metafórica. Mas desde que se tenha consciência da natureza das metáforas, que através de imagens querem ler a mensagem e o significado de uma realidade, não há por que deixar de lado certa ousadia, sugerindo algo que à primeira vista parece inusitado.

Entretanto, uma boa leitura deste gênero pressupõe, antes de mais nada, que se recorde melhor o fascínio exercido pelos mistérios de modo geral e pelos códigos secretos de modo particular. Em seguida, convém sinalizar para os segredos já desvelados em termos de DNA, ou seja, do material genético. Com isto estará aberto o caminho ao que mais nos interessa, ou seja, para o "significado" profundo dos complexos e fascinantes mecanismos que comandam a vida. Ele parece encontrar-se numa *Palavra* codificada e que detém um misterioso poder criador. É este mesmo poder criador que deixou impressos "sinais" tanto no livro da natureza quanto na Bíblia, considerada o livro dos livros. Será que não haveria sinais semelhantes, codificados também naquela que pode ser considerada a "linguagem" mais original e primitiva, que é a linguagem genética?

1. O que é misterioso fascina

Talvez um dos traços mais característicos da assim denominada "modernidade" seja o de haver procurado rasgar o véu de todos os mistérios. A substituição sistemática dos "deuses" pela lógica fria dos números e das máquinas desencantou o mundo, fazendo com que o fascínio fosse sempre mais dando lugar ao naturalismo e, em certos contextos, até ao fastio. Entretanto, apesar do avanço da secularização, os deuses parecem encontrar sempre novas maneiras de marcar sua presença. Marcam sua presença na literatura profana. Marcam sua presença em textos sagrados. Marcam sua presença através de religiões institucionalizadas e não institucionalizadas.

1.1. Uma áurea de mistério invade obras profanas

Uma fantasia nada inocente incendiou o mercado livreiro em tempos recentes. Bastou juntar o nome de Leonardo, um dos maiores gênios da humanidade, à palavra mágica "código" e armar um complexo quebra-cabeça, para que, de imediato, surgissem mais de uma dezena de obras afins. Umas tentam decifrar o código enunciado no primeiro livro da série; outras tentam decifrar o código do código; outras tentam lançar novas luzes sobre alguns personagens; outras ainda tentam desmascarar a malícia do autor que, a partir de um poderoso *marketing*, levanta dúvidas sobre pontos centrais da fé cristã. Com esta celeuma toda armada, em movimentos rápidos, são vendidos milhões de exemplares, numa espécie de efeito dominó. É que foi atingido um veio muito fecundo: o veio do sagrado e do misticismo.

De fato, uma rápida pesquisa de mercado revela que este fenômeno não é caso isolado, pois entre os livros mais vendidos se encontram sempre aqueles que, de uma forma ou de outra, conseguem *tocar* o mistério. É o que se evidencia também quando se tem presente que um único autor brasileiro da atualidade consegue vender seus livros aos milhões de exemplares, e isto em dezenas de línguas. É que ele consegue juntar um fecho tênue de espiritualidade com desfechos inesperados de histórias sempre carregadas de interrogações.

Contudo, convém ter presente que, se a venda em milhões de exemplares é recente, a busca de livros e obras de arte de estilo semelhante é muito antiga. Basta pensar em obras clássicas e romances que conseguiram atravessar os séculos justamente por haverem ultrapassado a barreira de um cotidiano repetitivo e sem surpresas. Um sorriso e uma sugestão de caráter enigmático são muito mais contundentes do que milhões de palavras explicativas. Que o digam a esfinge, postada diante das pirâmides do Cairo, e a Mona Lisa. Da mesma forma, muitas histórias que atravessam os séculos são histórias de tesouros escondidos em lugares de difícil acesso e que requerem, infalivelmente, algum "mapa da mina", mapa encontrado aos pedaços e que deve ser penosamente recomposto. Ademais, os heróis normalmente só chegam a cumprir a façanha com a ajuda de pessoas portadoras de segredos zelosamente guardados. Estes componentes são como que os condimentos que dão sabor às histórias e exaltam as virtudes dos heróis.

1.2. Uma áurea de mistério perpassa livros sagrados

Mas é claro que o fascínio pelo sagrado vai traduzir-se sobretudo nos livros sagrados. O que pode causar alguma surpresa é que os livros sagrados, sejam do judeu-cristianismo, sejam das denominadas grandes religiões universais, também se servem de uma linguagem que convida a ler tanto nas entrelinhas quanto para além das linhas. Para perceber a riqueza da linguagem bíblica, por exemplo, basta ter presente os muitos gêneros literários utilizados, sobretudo aquele dos 11 primeiros capítulos do Gênesis. Está claro que, ali, somente iniciados estarão em condições de fazer uma leitura apropriada e, ainda assim, sempre sujeita a novas "interpretações". Não só os relatos da Criação, como os primeiros personagens (Caim, Abel, Enoc, Noé...), fatos (dilúvio) e monumentos (colunas, Torre de Babel) querem dizer muito mais do que palavras podem traduzir. Figuras humanas transformam-se em protótipos do Cristo; fatos ou histórias e até mitos (os gigantes que habitavam a terra, Gn 6,4) transformam-se em símbolos de perdição ou salvação, de proximidade ou então de distância de Deus. Anjos e demônios fazem-se presentes como mensageiros do bem ou do mal. Esta é uma das características de toda a linguagem sapiencial.

E o mais surpreendente é a presença de códigos secretos disfarçados, seja na disposição de letras, seja em números. Assim, de maneira prudente, o Profeta Jeremias vai referir-se de modo velado à destruição do Império Babilônico (Jr 25,26; 51,42) e, bem depois, o autor do Apocalipse vai usar o mesmo expediente para denunciar as atrocidades do Império Romano em relação aos cristãos e anunciar sua queda. Vários livros do Antigo Testamento contêm passagens "seladas", que só poderão ser conhecidas no final dos tempos. São particularmente conhecidas certas profecias messiânicas de Isaías e do Livro de Daniel. O primeiro deixa entrever tempos e realidades futuras, ora interpeladoras, ora carregadas de promessas; o segundo, ao lado da profecia das "setenta semanas" de espera pelo Messias (Dn 9,1s.), caracteriza-se mais por antever o trágico fim de reis poderosos, mas ímpios, como o foram Nabucodonosor e Baltasar. Na parede de uma sala do palácio real, uma mão misteriosa "codifica" uma mensagem que somente um homem de Deus é capaz de descodificar: contado, pesado, dividido. Daniel deve conservar "secretas as palavras e lacrar o livro até o tempo final" (Dn 12,4).

Mas, mensagens cifradas não se encontram apenas no Antigo Testamento, ou no Livro do Apocalipse: o *mysterion* constitui-se no núcleo central do Novo Testamento. Os "sinais" do Evangelho de São João, carregados de um sentido que vai para além dos fatos, vão conjugar-se com as muitas parábolas de Jesus para proclamar os mistérios do Reino. Ainda que o "segredo messiânico" seja marca registrada de São Marcos, ele é também um componente dos demais sinóticos e da teologia paulina. Todos sintonizam com a pré-compreensão de que só os que se encontram "dentro" é que vão entender o Evangelho em suas múltiplas expressões. Para os que se encontram "fora", ele se torna inacessível (Mc 4,11) e até se transforma em motivo de escândalo para judeus e loucura para os gregos (1Cor 1,18s.). Ademais, a revelação dos desígnios de Deus é progressiva, no sentido de ela se concretizar no tempo. Sem falar do gênero apocalíptico, também bem presente no Novo Testamento, não há dúvida de que o cultivo do mistério faz parte da pedagogia divina. E é nesta direção que devem ser entendidas as expressões religiosas.

1.3. O cultivo do mistério é a alma das expressões religiosas

Falar do fenômeno religioso é falar de uma realidade abrangente, complexa e, sob certos aspectos, até contraditória. Esta realidade não pode ser confundida com as religiões institucionalizadas, nem identificada com certas leituras críticas feitas contra elas no Ocidente. Alguns pensadores consideraram o fenômeno religioso como transitório (Auguste Comte, Sigmund Freud, Karl Marx, Max Weber). Entretanto, apesar dessas predições, nos últimos decênios as religiões tradicionais ou se mantiveram estáveis, ou até ganharam mais força sob certos prismas. Mas, enquanto isso, as expressões religiosas de caráter mais informal cresceram muito dentro e fora do cristianismo. Há como que uma revoada de anjos no ar. Um novo fervor religioso está sacudindo não só os tradicionais espaços religiosos, como até os mais profanos. Isto mostra que há algo de antropológico e até de eterno no fenômeno religioso.

Independentemente de suas tonalidades diversas e até contrastantes, ele sempre tende a se expressar com algumas características comuns. Assim, como já observava Santo Agostinho, esta estranha força tende a "re-ligar" os seres humanos com o transcendente; ela os leva a uma certa leitura profunda da realidade, mormente da condição humana; ela os leva a prostrar-se diante da glória de Deus. Mas o que parece constituir-se na seiva mais profunda das várias expressões religiosas é exatamente esta capacidade de velar e desvelar os mistérios de Deus e, com isso, velar e desvelar os mistérios da Criação. Com razão fala-se até de uma "teologia do mistério", na qual não cabiam apenas verdades reveladas, doutrinas ou noções teológicas, mas algo que as ultrapassa.

É dessa forma que se deve dizer que as religiões vivem ou morrem de acordo com o cultivo mais profundo ou mais superficial do senso do mistério. Na medida em que se distanciam do senso do mistério, acabam se confundindo e entrando em confronto com as ciências. De fato, as ciências tendem a explicar o inexplicável, a falar o indizível, a experimentar o inatingível. Assim se entende que, no atual contexto da biotecnologia, o confronto entre religião e fé se faça tão contundente. Enquanto as religiões veem nas ciências uma espécie de subsídio para mergulhar mais profundamente nos mistérios da vida, as ciências tendem a se transformar em verdadeiras religiões sem religião: dogmatizam a partir de dados fragmentários que não passam de pequenas manifestações de uma realidade mais abrangente e mais profunda. Esta realidade sempre se coloca fora do alcance das ciências. E é desta realidade que as religiões não podem abrir mão, sob pena de serem elas mesmas completamente desnudadas pelas ciências.

2. Decifrando o código genético

Não há como negar que vivemos hoje um momento ímpar não só da história da humanidade, como até da história da Criação. Nunca como hoje a humanidade dispôs de tantos conhecimentos sobre os mistérios da vida e nunca teve tanto poder de interferência sobre eles. Por isso, se fôssemos dividir a história em três momentos, deveríamos dizer que o primeiro foi o de Deus; o segundo o dos seres humanos dominando o mundo externo com a técnica industrial; o terceiro é este no qual somos capazes de montar e desmontar o código secreto da vida, criando e recriando seres novos ao nosso bel-prazer. Para compreendermos melhor este momento ímpar, convém, antes de mais nada, tomar consciência de que em termos de biogenética tudo tem uma lógica; em seguida é preciso tomar consciência de que nos encontramos diante de uma realidade efetivamente nova; finalmente convém fazer uma tentativa de soletrar o "livro da vida".

2.1. Os mistérios da vida contestam o acaso

Está claro que a humanidade sempre observou, com curiosidade, as manifestações da vida e, sobretudo, as da transmissão da vida. Também está claro que ela sempre tentou entender o que se passava. Uns pensavam que maravilha tão grande só poderia ser atribuída a uma participação direta dos deuses. Já outros, muito cedo, buscaram a lógica da fecundidade nas "sementes vitais". Nesta linha encontram-se Hipócrates, Aristóteles, Platão. A partir do século XVI, certo número de pensadores começou a refletir de maneira mais sistemática, buscando a lógica que comanda todo o processo. Neste sentido vale a pena dar atenção a uma frase atribuída a M. de Montaigne, em 1570: "Que coisa maravilhosa essa gota de semente da qual somos produzidos, que carrega consigo as impressões não apenas da forma do corpo, mas também dos pensamentos e das tendências dos nossos pais". Neste período, com maior insistência, começam a ser colocados os primeiros pressupostos para a compreensão do código da vida, bem como para sua leitura: a questão consiste em buscar a lógica interna. Com isto estava preparado o caminho para o Monge Gregor Mendel elaborar cientificamente as leis da hereditariedade. Com isto estava aberto também o caminho para a moderna biogenética.

Na busca do fio condutor da biogenética vale a pena também dar atenção a um grupo de filósofos dos séculos XVI a XVIII. Entre estes, convém destacar Francis Bacon (1561-1626), René Descartes (1596-1650) e Isaac Newton (1642-1727). Estes foram alguns filósofos que colocaram os pressupostos de uma lógica interna que comanda os mecanismos da vida. Descartes, que tem um tratado sobre a formação do feto, acentua que, se conhecêssemos cada parte das sementes da vida, poderíamos deduzir, *de maneira matemática*, a configuração dos corpos no seu todo ou em suas partes. Radicalizando esta compreensão, vamos encontrar um La Mettrie (1709-1747), afirmando com todas as letras que os corpos dos seres vivos funcionam como "máquina", mais precisamente como relógio. Estava aberto o caminho para alguns pesquisadores como Graaf Leeuwenhock e Lamarck irem, pela observação do microscópio, tirando as primeiras conclusões de cunho verdadeiramente científico. Bastou que Lamarck (1744-1829) e Darwin ressaltassem o influxo do meio ambiente, para que se chegasse a uma teoria plausível da *Origem das espécies* (DARWIN, 1859).

Entretanto, quando Mendel, em meados do século XIX, descobriu as leis da hereditariedade, não poderia nem imaginar que estava dando um passo decisivo para que a biogenética pudesse transformar-se na vedete das ciências. A partir daí foi uma verdadeira corrida de caça ao tesouro dos genes. As esperanças de descobertas sensacionais foram sendo alimentadas ao longo do século XX, quando biogenética, biociências e biotecnologias conjugadas começaram a responder a algumas perguntas de cunho fascinante: O que são os genes? Onde se localizam os genes? Quantos são em cada espécie? Qual a função dos genes? Como proceder para curar algumas doenças terríveis que, pressupostamente, remetem para genes? Será que eles agem isoladamente ou em cadeia? Até que ponto sofrem influxos do meio ambiente?

Quando, em 1953, Watson e Crick identificaram a estrutura básica do DNA (material genético constituído por ácidos e outros elementos químicos), eles descobriam a maneira como a própria vida se estrutura e se transforma. Na origem do DNA existem quatro bases de nitrogênio (adenina, timina, citosina e guanina) que se configuram como duas fitas sobrepostas, mas ligadas por duas outras bases horizontais (açúcar e fósforo). A partir daí fica claro o que Watson e Crick, indevidamente, denominaram de "dogma central" da biologia molecular: as informações contidas no DNA são transferidas para as proteínas através de um ácido denominado RNA, uma espécie de mensageiro que garante a replicação das células. Ou seja, nada acontece por acaso; tudo tem uma razão de ser: o código estava decifrado.

2.2. Biogenética e biotecnologia: descobertas ou oitavo dia da Criação?

A descoberta da lógica na transmissão da vida foi de importância decisiva. Entretanto, o maior salto em termos de biogenética só aconteceu em 1973, quando ocorreu a descoberta do DNA *recombinante*, ou seja, a possibilidade de fragmentar e reconstituir novamente uma molécula de DNA. Com isto estava aberto o caminho para a maneira mais radical de interferência na conjugação da vida. A partir de então, a engenharia genética deixa de ser mera fantasia para fazer parte do cotidiano dos laboratórios. Num misto de descoberta e criação, a vida passa a ser monitorada e até gestada de maneira nunca vista. Tudo isto fascina e espanta ao mesmo tempo. Nunca os seres humanos dispuseram de semelhante poder: não apenas observam, tentam copiar o que acontece na natureza, mas passam a determinar o que deve continuar como era e o que, no seu entender, deve mudar. Realmente é impossível responder se estamos diante de sensacionais descobertas, ou se a nova realidade deve ser compreendida como uma espécie de oitavo dia da Criação.

A pergunta irrespondível tornou-se mais aguda sobretudo quando foram aparecendo os resultados do Projeto Genoma Humano. Este projeto, desenvolvido entre os anos de 1990 e 2000, não veio apenas fechar com chave de ouro um século e um milênio, mas tornou-se o símbolo do terceiro e mais fundamental dos megaprojetos que marcaram o século XX. O primeiro ocorreu a partir de meados do século passado, com a descoberta, o domínio e a utilização da energia nuclear; o segundo ocorreu a partir da década de 1960, com satélites e astronaves povoando os espaços siderais e instalando pontos de apoio para a constituição de uma rede de comunicação que recobre toda a terra. O terceiro conseguiu reunir um acervo tão grande de informações sobre a vida que, apesar de toda a sofisticação tecnológica, serão necessários cerca de 30 anos para que tudo seja devidamente lido e analisado.

Destarte deve-se dizer que o Projeto Genoma Humano, solenemente encerrado em meados de 2000, ao mesmo tempo que confirmava de maneira cabal algumas pressuposições anteriores, desmentia outras. Confirmava que o corpo humano se organiza em sistemas autônomos e complementares (respiratório, sanguíneo, digestivo, muscular...); que o substrato invisível que sustenta o que aparece é constituído por 100 trilhões de células; que cada célula contém em seu núcleo um genoma completo, denominado DNA; que o genoma é constituído não apenas de cromossomos e genes, mas também por muitos outros elementos físico-químicos; que todo este material se articula através de uma espécie de programa de informática, que mantém a unidade e a pluralidade das funções... Mas o mesmo Projeto Genoma Humano, além de localizar alguns cromossomos mais diretamente implicados em doenças de cunho genético, também desmitificou os próprios genes na medida em que mostrou que o código genético é basicamente o mesmo em todas as espécies de seres vivos e que o número de genes não passaria de 30 mil, quando até então se falava em 100 mil.

Mas o mesmo Projeto Genoma Humano deixou em aberto muitas outras questões que foram sendo respondidas posteriormente e de maneira a contradizer o que se afirmava no encerramento do referido projeto. Assim, por exemplo, aquelas buscas foram insuficientes para responder por que apenas 3% dos genes exercem uma função específica (codificante) e por que os restantes 97% são não codificantes, ou seja, aparentemente inúteis. Mais: os cientistas que responderam pelo megaprojeto chegaram a falar de maneira depreciativa dos 97% de genes não codificantes, referindo-se a eles como "lixo genético". Hoje, apenas quatro anos depois do encerramento do megaprojeto, já se sabe que aquele "lixo" carrega consigo uma gigamemória que possibilita recompor a história completa de um indivíduo e da espécie tanto para o passado quanto para o presente quanto para o futuro... O megaprojeto Genoma Humano também se enganou quanto ao número de genes: não são 100 mil, nem 30 mil, mas, quem sabe, menos do que 20 mil na espécie humana. Isto sugere que, por mais maravilhosos que sejam, nenhum dos megaprojetos conseguiu descobrir tudo, muito menos organizar o oitavo dia da Criação. Um longo caminho já foi feito. Um caminho bem mais longo ainda deve ser percorrido para se chegar verdadeiramente ao misterioso tesouro que comanda não apenas a vida humana, mas todas as formas de vida.

2.3. Já se pode soletrar no "livro da vida"

Apesar de eventuais protestos de um Sócrates e de outros filósofos, que viam na passagem do pensamento e da palavra para a grafia uma espécie de desfeita para a palavra e memória vivas, muito cedo a humanidade foi buscando várias formas alternativas para a comunicação. Como substrato serviam pedras, pedaços de cerâmica, papiro e depois o papel. E se estes pensadores tivessem conhecido algum dos fluidos hipertextos, sem maior consistência, que pode ser continuamente feito e refeito sobre uma tela de computador, com certeza iriam protestar com maior veemência ainda. Mas com certeza também eles iriam alegrar-se com a constatação de uma espécie de volta atrás ao ser vivo como sede primordial da linguagem; não só da linguagem humana, mas de todas as linguagens. Os seres vivos se apresentam como vivos enquanto se relacionam, e se relacionam enquanto se comunicam pelas muitas formas de a palavra se expressar.

De fato, é pela vida manifestada em toda a sua complexidade que se pode recuperar a força paradigmática da palavra. Como diz muito bem Edgar Morin, a natureza humana é o paradigma perdido (MORIN, 1973: 25-30). As primeiras aproximações das duas linguagens, a da genética e a do livro, ocorreram no contexto da Segunda Grande Guerra. Ao mesmo tempo que se desenvolviam as comunicações, desenvolviam-se as informações e contrainformações, códigos para proteger segredos e estratégias para desvendar códigos secretos. Pode-se dizer que a metáfora do *programa* genético estruturou-se a partir da cibernética de N. Wiener, da teoria da comunicação de C. Shannon, e dos primeiros computadores, produzidos sob a orientação de J.V. Neumann Norbert.

O fato é que, sobretudo com o desenvolvimento da informática, a metáfora da linguagem genética passou a fazer parte da linguagem comum, tanto para o mundo da biogenética quanto para o das informações. O DNA já não é mais visto como algo de puramente físico ou químico, mas muito mais como *informação e relação, que mantêm a atividade física e química*. Os seres vivos não podem ser compreendidos simplesmente como superposição de unidades materiais, nem como átomos estáticos que formam uma complexa arquitetura molecular, mas devem antes ser compreendidos como relação dinâmica e criativa entre as partes. Quando acaba a relação surge a morte. Antes de se transformarem em algo, os próprios genes são um complexo de informações que, através das proteínas, viajam pelo espaço e pelo tempo para, num segundo momento, possibilitar a formação de tecidos e órgãos. Há algo que precede a materialização dos seres vivos, que é, exatamente, o que se poderia denominar de informação compactada, que se encontra nos genes e que vai passando de geração em geração.

Tudo isto obedece a um *programa* que regula esta complexa rede na qual tudo se conjuga com tudo e nada se confunde com nada. Assim, para ressaltar este aspecto dinâmico e relacional, passa-se a transpor linguisticamente para a biogenética "letras", "palavras", "frases", "períodos", "parágrafos", "capítulos", "livros", e até "bibliotecas" (genotecas). Há mesmo quem faça uma sinopse bastante sugestiva, mostrando uma simetria entre código verbal e código genético; entre os livros transcritos em papel e os transcritos na carne dos seres vivos. Assim se diz que o DNA é formado por quatro letras nitrogenadas; que as proteínas são formadas por 20 letras: os aminoácidos que as compõem; que a passagem entre os dois tipos de letras se dá na forma de uma tríade. O RNA é uma espécie de mensageiro que, após "decodificar" a mensagem contida nos genes, "passa" a mensagem adiante, para que os comandos sejam executados e que as missões sejam cumpridas. Neste processo encontramos "transcrições" e "traduções". "Corretores" automáticos cuidam da execução e intervêm imediatamente quando ocorrem eventuais erros. Tanto assim que a surpresa não consiste tanto em se encontrar eventuais erros genéticos, mas exatamente em eles serem, proporcionalmente, tão poucos: entre bilhões e bilhões de seres vivos, são relativamente poucos os que não se "enquadram" perfeitamente dentro daquilo que nós, arbitrariamente, classificamos de "normal" ou "anormal".

Tanta sintonia e simetria chegaram a entusiasmar grandes especialistas do campo da linguística. Este foi o caso sobretudo de Roman Jakobson e de Lévi-Strauss. O primeiro chega a colocar uma hipótese audaciosa, segundo a qual o código verbal poderia revelar-se como sendo vinculado ao código genético. A estrutura profunda da linguagem poderia remeter para células vivas. Neste sentido a linguagem bioquímica seria uma espécie de *protolinguagem*. Na mesma linha Lévi-Strauss defende a ideia de uma linguagem universal inscrita no genoma. O código genético funcionaria como protótipo absoluto: a linguagem articulada seria a ressonância desta linguagem original e originante.

Entretanto, considerando-se que a biogenética passou a ser sempre mais associada à biotecnologia, e esta pressupõe empresas gerenciadas com mentalidade empresarial, não causa espanto que, após algum tempo, cientistas de cunho pragmático começassem a sentir-se incomodados com esta proximidade. A própria metáfora da linguagem parecia contestar certas pressuposições de cunho materialista de alguns dos grandes nomes da cibernética (controle e comunicação) e da biogenética. É que, ao se falar em *programa*, sobretudo no contexto da origem da vida, logo surge a incômoda pergunta sobre o *programador*; na medida em que se constatam fatos que demonstram uma articulação fantástica, onde cada componente mantém identidade própria, mas agindo em rede, fica difícil fugir da questão do sentido último de tudo isto. Alguns, seguindo a tônica de Jacques Monod, vão falar de "acaso e necessidade". Mas questões tão profundas requerem maior diligência. Afinal, diante de um enredo fascinante, não há como fugir da pergunta vital: Mas, afinal, quem escreveu o livro da vida? De nada adianta sequenciar genes, fazendo uma leitura material, se a questão central do significado não for devidamente respondida.

3. Em busca do significado: no princípio era a palavra

À primeira vista a aproximação entre linguagem e genética pode parecer surpreendente. Como pode parecer surpreendente juntar matéria e espírito, física e química, ciência e teologia. Mais estranha ainda pode soar a preocupação com um eventual significado profundo que possa estar oculto por trás do DNA. Entretanto, estamos convencidos de que é exatamente esta a questão que se encontra subjacente nas tensões que hoje se manifestam entre certos setores da biotecnologia e as igrejas cristãs. Para iluminá-la convém partir da linguagem em suas várias expressões, ressaltando sobretudo a linguagem *metafórica*, também encontrada na Bíblia. Mas quando se fala de linguagem bíblica, não se pode deixar de perceber a impressionante força criadora da Palavra de Deus. Quem sabe seja nesta direção que devemos procurar o significado: uma vez decifrado o código, vem a pergunta sobre a "chave". Pois para chegar a um tesouro escondido não basta dispor do número do código: é preciso encontrar uma "chave" para se ter acesso ao interior do cofre, onde se encontra o tesouro. No passado, a "chave" era uma evidência; hoje é preciso procurá-la com muita atenção.

3.1. A força da linguagem metafórica

Falar de informação, de comunicação, de símbolos, de sinais, de linguagem significa sempre mergulhar numa série de distinções, de aproximações e afastamentos. Mas na raiz desta dificuldade parece colocar-se a questão da linguagem como tentativa de expressão do ser. "Sem linguagem o pensamento permanece imperfeito, incompleto e inarticulado" (BOFF, 1999: 297). Devemos dizer que a linguagem é a "casa" do ser, mas que estamos sempre "a caminho da linguagem", pois ela também é algo de transitório. Ademais, é preciso distinguir entre uma linguagem unívoca, pouco adequada para falar das coisas de Deus, e uma linguagem analógica. A linguagem analógica carrega consigo algo de apropriado e algo de não apropriado. Ela se aproxima da realidade, mas sem identificar-se. Por isso mesmo, a analogia é uma linguagem que tende a falar das coisas mais profundas e até mesmo transcendentes. Por isso é privilegiada para evocar mistérios.

É nesta altura que vamos encontrar as *metáforas*: elas fazem parte das analogias. A linguagem metafórica trabalha com imagens que se articulam com o nosso inconsciente, trazendo à tona aquilo que é real, mas não visível, nem palpável. É portanto por esta característica de serem capazes de nos transportar para além das coisas (*meta-ferein* = levar para além) que as metáforas se apresentam como a linguagem mais adequada para traduzir a experiência da fé e alimentar a espiritualidade. Podemos até dizer que as metáforas são imagens sensíveis que nos elevam até Deus. E, de fato, a Bíblia se utiliza continuamente de metáforas para nos falar de Deus. Assim, Deus vai ser apresentado como rei, juiz, pastor, esposo, pai; Cristo é comparado ao cordeiro, ao pão, à porta...; o Espírito se mostra na forma de pomba, fogo, vento, água; a Igreja é como edifício, rebanho, corpo, esposa, povo; o Reino, que já é metáfora, é como um tesouro escondido, pérola, fermento, rede de pescar, banquete...; o céu é como uma cidade, um jardim, uma festa. Deus não é nada disso, mas estas metáforas nos falam de maneira muito profunda sobre Deus Pai, Filho e Espírito Santo.

Através destes mesmos exemplos fica claro que, em hipótese alguma, podemos confundir metáfora com realidade. A metáfora apenas representa, esquematiza e simboliza uma realidade. A metáfora não tem razão de ser em si mesma: ela apenas serve de ponte. Nem por isso deixa de se apresentar com uma importância decisiva para chegarmos até onde ela nos quer conduzir: uma realidade presente e atuante, mas obscurecida por uma série de fatores. Daí a importância da linguagem metafórica não só para a teologia, mas também para a própria biologia. Esta importância fica mais evidenciada quando temos presentes algumas distorções que vão emergindo no calor das sensacionais descobertas no campo da biogenética. Uma das distorções consiste numa atitude reducionista que absolutiza a dimensão genética, deixando de lado outras dimensões da vida: meio ambiente, afetividade, economia, política, religião... Outra distorção consiste em confundir a complexidade da vida com meros programas de informática, por mais impressionantes que estes também sejam. O risco é confundir o símbolo com a realidade. Nunca se pode esquecer que a metáfora do "programa" não passa de um antropomorfismo. A metáfora serve enquanto abre caminho para chegarmos à força criadora que faz aparecer e sustenta a vida.

3.2. A força criadora da Palavra de Deus

A Palavra de Deus se constitui na fonte primeira da Revelação cristã. Esta Palavra é, antes de tudo, uma Palavra "falada", que ecoa como voz de alguém. O Deus da revelação é um Deus que "fala", "pronuncia todas as palavras" (Ex 20,1), dialogando com as lideranças e com todo o seu povo. Ele ordena aos profetas que "falem". Pois é pela palavra que se pode conhecer algo de Deus e de seus planos. Em Jesus este Deus e estes planos se tornam mais próximos. Ele não só "anuncia a Palavra" (Mc 4,33), como o faz "com autoridade" (Mc 1,22). Em Jesus a Palavra de Deus ecoa de muitas maneiras, tanto na sua expressão corporal quanto verbal. São estas palavras que se encontram na origem dos evangelhos e demais escritos que constituem a Bíblia, Palavra de Deus.

Este mesmo Deus, contudo, é também um Deus que manda "escrever" (Ex 17,14) e entrega, "gravadas" em pedra, as Dez Palavras da Vida, os comumente denominados mandamentos (Ex 24,12; 31,18; 32,16): "eram placas de pedra, escritas com o dedo de Deus". Nestas Dez Palavras estão contidos os segredos da vida. Existe um caminho da vida e um caminho da morte: o caminho da vida é mostrado pelas Dez Palavras. Ainda que Jesus nada tenha escrito e nada tenha mandado escrever, seus seguidores sentiram-se impelidos a recolher documentos e colocar, ordenadamente, por escrito, tudo o que testemunharam e ouviram testemunhar (Lc 1,1s.). Ou seja, Deus se comunica com seu povo, tanto através da palavra falada quanto escrita. Contudo, tanto por trás de uma quanto da outra, encontra-se Alguém que não apenas indica o caminho que leva à vida, mas faz surgir a própria vida.

É nesta direção da força criadora da Palavra de Deus que vamos encontrar a mais profunda expressão da metáfora do "Livro da Vida". "Pois Ele falou e assim aconteceu; Ele mandou, e assim se fez" (Sl 33,9). Mesmo deixando de lado o concordismo fácil que traçaria um paralelo entre os *genes* e o Livro do *Gênesis*, não se pode deixar de perceber algo de muito impactante no primeiro relato da Criação: tudo é criado através da força da Palavra de Deus. Com efeito, no vazio do início dos tempos, por dez vezes ressoa a voz de Deus ordenando que apareçam as várias realidades, e elas vão surgindo uma a uma, do nada, ou seja, através de um simples "disse". Disse Deus: faça-se a luz, e a luz foi feita; disse Deus: faça-se o firmamento, e assim se fez; disse Deus: juntem-se as águas, e assim se fez; disse Deus: façam-se as sementes, e assim se fez; disse Deus: façam-se os luzeiros, e assim se fez; disse Deus: fervilhem as águas de seres vivos e voem pássaros sobre a terra, e assim se fez; disse Deus: produza a terra seres vivos segundo as espécies, e assim se fez; disse Deus: façamos o homem à nossa imagem e segundo nossa semelhança, e assim se fez; disse Deus: sede fecundos e multiplicai-vos, e assim se fez; disse Deus: eis que vos dou o alimento, e assim se fez.

Certamente, todas e cada uma das 10 Palavras se revestem de uma eficácia impressionante. E, contudo, com certeza não pode passar desapercebida uma nuança importante, na quarta Palavra, quando surgem *sementes* sobre a terra e de acordo com suas *espécies*. É nesta altura que a metáfora parece ir além de uma simples sugestão, para se transformar numa espécie de revelação de algo bem mais consistente: uma mensagem imaterial e invisível veiculada por uma molécula biológica. Ao que tudo indica, foi em algo semelhante que Santo Agostinho (354-430) pensou, quando no seu tratado sobre *O Gênesis em sentido literal* fez a distinção entre dois tipos de sementes. Partindo de uma compreensão de origem estoica, mas assimilada por vários Padres da Igreja antiga, o *"logos spermatikós"*, Santo Agostinho apresenta a distinção entre um germe corporal e uma força invisível que impulsiona o desenvolvimento da semente.

Curiosamente, em outra de suas obras, Santo Agostinho chega a falar da "força" que se esconde na semente, como que sugerindo um núcleo vital que se esconde na própria semente. Assim, criando a semente, com um núcleo Deus cria a história, pois pela semente se renova continuamente o ato criador no espaço e no tempo: a semente faz perdurar a obra do Criador, fazendo a ponte entre o passado mais remoto, o presente e o futuro mais distante. A semente pereniza a vida. De fato, cada semente traz no seu código genético uma espécie de *selo* onde Deus *gravou* suas marcas com tal profundidade que elas não se apagam, mesmo com o passar das gerações. Através de uma *memória* prodigiosa e de uma *programação* que garantem a identidade e a originalidade de cada ser, as espécies não apenas sobrevivem, mas se multiplicam, num contínuo e criativo processo de *impressão e reimpressão,* de modo semelhante ao que ocorre na produção de um livro que se encontra na memória de um computador. Desta forma, o código genético poderia ser considerado uma espécie de *assinatura* feita pelo indicador de Deus: o dedo de Deus indexado.

3.3. Decifrado o código: onde se encontra a chave?

Se considerarmos o código genético apenas sob os prismas físico e químico, não há dúvida de que, ao menos em parte, ele já foi decifrado. Embora a cada dia surjam novas descobertas e, com elas, novas interrogações, grandes passos foram dados para a leitura do código de um número sempre maior de espécies. Entretanto, é nesta altura que se coloca com força a questão do *sentido* de tanto empenho e do *significado* daquilo que se descobre. Como sugerimos, o sentido último aponta para o Criador. Mas este sentido será melhor desvelado na medida em que o olharmos sob diversos prismas, sobretudo os da Revelação e da Criação.

Ao falarmos da Revelação, não podemos deixar de perceber que a própria Palavra de Deus pressupõe que o Deus se revela continuamente, revelando-se em seu Filho Jesus na plenitude dos tempos. Contudo, o mesmo Deus que se *revela* é também um Deus que se *vela*; o Deus *presente* é ao mesmo tempo um Deus *ausente*; o Deus que *fala* é ao mesmo tempo um Deus que *se cala*. Como bem expressa o Profeta Isaías, nosso Deus é um "Deus escondido" (Is 45,15). Esta teologia negativa é tão legítima quanto a positiva. A negativa afirma com força o quão pouco sabemos de Deus; a positiva, o quanto Ele já nos revelou sobre si mesmo e sobre seus projetos; uma aponta para o muito que sabemos, e a outra para o muito que nos resta saber não somente sobre Deus, mas também sobre nós mesmos. Como diz Pascal: "Não sei quem me colocou no mundo, nem o que é o mundo, nem o que eu sou..." Este desconhecimento e conhecimento apontam para duas fontes: a Bíblia e a natureza que canta a glória do Criador (Sl 8). Assim, poder-se-ia falar que na realidade estes são dois livros que nos falam de Deus.

Interessante neste particular um pensamento de um filósofo do século XVI, Raymond de Sebond, segundo o qual "Deus nos deu dois livros: aquele da ordem universal das coisas ou da natureza, e aquele da Bíblia. O da natureza nos foi dado primeiro, desde a origem do mundo... porque cada criatura é como que uma 'letra' saída da mão de Deus..." Não vem ao caso seguir o caminho das muitas formas de cabala que, ao longo dos tempos e em obras diversas, tentam mostrar que toda a Criação decorre das quatro letras (tetragrama) do nome de Deus YHWH: ao dar um nome para cada um dos seres criados, Deus chama cada ser e imprime em cada um deles as letras de seu nome. Como diz o Profeta Isaías, "Ele conta e põe em marcha o seu exército de astros, chamando a cada um pelo nome: tão amplo é seu poder e irresistível sua força que nenhum deles falta à chamada" (40,26). Assim, a matriz original seria composta pelas quatro letras do nome de Deus, figuradas no DNA, e a diversidade dos seres seria resultante de uma combinação infinita das letras do alfabeto.

A Revelação levada adiante pela natureza criada e pela Palavra escrita, contudo, pressupõe um ponto de partida e um ponto de chegada. Este ponto de partida não se encontra na própria Criação, pois existe antes dela. Também não vai terminar no final dos tempos, apenas será completada e transformada. E é nesta altura que vamos encontrar o Cristo como o Primogênito de toda a Criação.

Com efeito, "Ele é a imagem do Deus invisível, primogênito de toda criatura; porque nele foram criadas todas as coisas, nos céus e na terra, as visíveis e as invisíveis... Ele é antes de tudo e tudo subsiste nele" (Cl 1,15s.). É também à luz deste Primogênito que a criação do ser humano se torna mais compreensível: "Antes da criação do mundo Ele nos escolheu em Cristo"... (Ef 1,4s.). Desta forma o ser criado "à imagem e semelhança de Deus" assume contornos mais nítidos na medida em que o Primogênito assume a condição humana. A partir do momento do "sim" de Maria, os demais seres humanos passam a contar com um irmão maior que a um só tempo assume a condição humana e a enriquece. Como diz São Justino (séc. III), todas as sementes emanam da Palavra criadora, que encontra sua vitalidade na "semente do Verbo que se encontra presente em todos os seres humanos". "O *logos* é o programa dos programas". Assim, através da Palavra divina que é única na sua essência, manifesta-se a imensa variedade das criaturas. Todas procedem da mesma linguagem e só se tornam compreensíveis à luz da sua origem primeira. Todas estas colocações vão atingir o seu ápice no Prólogo de São João: "No princípio era a Palavra, e a Palavra estava com Deus, e a Palavra era Deus... Todas as coisas foram feitas por meio dela, e sem ela nada se fez do que foi feito. Nela estava a vida, e a vida era a luz dos seres humanos... E a Palavra se fez carne e habitou entre nós..." (Jo 1,1-4; 1,14).

O uso da metáfora do livro em biogenética não procede da teologia e sim da própria biogenética. Mas, na exata medida em que a leitura da biogenética passou a ser sempre mais reducionista e materialista, uma leitura teológica começa a impor-se como algo de absolutamente necessário, para que tantas descobertas e tanto poder não se voltem contra, mas a favor da vida. Pois, afinal de contas, de nada adianta conhecer tudo sobre os genes benéficos e maléficos, "expressar" ou "silenciar" genes, visando a curas quase miraculosas, se não for conhecido o sentido da vida. A questão não está em viver muito ou pouco, mas no como se vive. E ninguém vive somente de genes saudáveis. É preciso ir além dos genes. A vida saudável requer bons hábitos, boas condições sociais, políticas, econômicas, psicológicas, religiosas... Requer sobretudo um sentido de vida. Este sentido pode ser oferecido pelas religiões. Lendo de maneira invertida um pensamento atribuído a Albert Einstein, podemos dizer que a religião sem a ciência claudica; a ciência sem a religião é cega.

Este tipo de leitura que tentamos não deveria causar nenhuma estranheza para quem conhece a Bíblia e a maneira como os Padres da Igreja faziam sua hermenêutica: além de um sentido literal, eles sempre buscavam outros sentidos de cunho mais espiritual. Sem perder de vista dados estritamente científicos, esta leitura deverá apontar para outra maneira de entender o "código" e também oferecer a "chave" que permita abrir mais amplamente a porta do sacrário da vida em suas múltiplas manifestações. O "código" secreto da vida não vem escrito em papiro, nem em papel, nem em pedra (Ex 31,18): Deus o gravou, com o seu dedo, na carne viva. A "chave" por sua vez está nas mãos do Primogênito de toda a Criação. Jesus Cristo não apenas anuncia o Evangelho da Vida, mas comunica a vida divina, porque "nele está a vida" (Jo 1,4). E é nesta linha que a teologia pode dar uma contribuição decisiva num momento tão ímpar da história. Nunca como agora o mistério sugerido por Michelangelo na monumental pintura da Criação, que se encontra na Capela Sistina, em Roma, se coloca com mais força. Os avanços da biotecnologia, seja como conhecimento, seja como capacidade de interferência, parecem querer separar definitivamente Adão de Deus, a criatura do Criador. Por isso mesmo é urgente tentar entrever o sentido do espaço deixado entre o indicador de Adão e o indicador de Deus. O artista sugere ao mesmo tempo distância e proximidade, semelhança e diferença. É neste espaço misterioso que se coloca o Filho de Deus, unindo carne e espírito, humanidade e divindade.

Conclusão

Muitos foram os períodos da história nos quais os seres humanos julgaram estar vivendo um momento único e sem precedentes. Basta lembrar a época das grandes descobertas do Novo Mundo. Contudo, é impossível não perceber que as várias tecnologias e biotecnologias estão levando a humanidade a um momento único e que a projeta numa profunda hesitação: ter tudo para esperar e tudo para temer do momento presente. Por isto mesmo, exaltação e indignação nada mais são do que duas faces de uma mesma realidade: tão complexa que nos deixa completamente perplexos em termos éticos. O que dizer e o que fazer diante de mecanismos tão acelerados e tão poderosos, que, sem muitos questionamentos, vão sendo acionados na busca de transformações cada vez mais radicais em todos os setores da vida?

Aqui aparecem ao menos duas grandes tentações. Uma primeira vai na linha de condenações categóricas e generalizadas, onde se percebe a vontade de invocar o fogo dos céus, na espera de que tudo seja destruído e que se possa recomeçar do zero. Uma segunda tentação aponta para o conformismo de uma espécie de arranjo existencial, onde cada um faz o que bem entende e deixa os outros procederem da mesma forma. Isto costuma ser traduzido pela palavra consenso, mas na realidade é a manifestação do não senso, pois lá no fundo é uma confissão de impotência, onde nem sequer se consegue encontrar o fio da meada de questões tão complexas. Eventuais plebiscitos poderiam aprovar todo tipo de procedimentos em laboratório para produzir, negociar, alterar material genético e moldar a vida. Eventuais plebiscitos poderiam aprovar todo tipo de parcerias e todo tipo de acordos para abreviar os sofrimentos de quem se encontra numa fase final da vida e sem aparentes razões para viver. Tudo isso poderia ser sacramentado pelo consenso. Nada disso poderia ser justificado pelo *bom-senso*.

De fato, o *bom-senso* vai, sempre de novo, chegar à conclusão de que, tanto para as pessoas quanto para as sociedades, existem dois caminhos: um que conduz à vida e outro que conduz à morte. O consenso pode levar ao caminho da morte. Somente o *bom-senso* vai abrindo caminhos de vida, eventualmente buscando novas trilhas, mas nunca esquecendo a sabedoria dos que são *experts* em humanidade. Estas são pessoas, instituições e religiões que se deixam tocar não pela ilusão de fogos fátuos, mas pelo encanto de uma vida que sempre vale a pena ser vivida, porque sempre remete para o autor de toda vida e para as razões mais profundas do viver. Aqui nos encontramos não diante do consenso, mas de uma *consciência,* uma sabedoria de vida, que resulta da busca cada vez mais aprofundada do sentido do momento histórico em que se vive, conjugado com o sentido mais profundo de todas as coisas. Este sentido só pode ser encontrado quando as várias identidades, ao mesmo tempo que se afirmam com força, se abrem para a alteridade, na esperança de encontrar o que tanto se procura: uma nova humanidade, refeita não apenas física, psíquica e socialmente, mas também espiritualmente. Colocar-se sempre de novo a caminho leva à verdade; a verdade leva à vida melhor para todos. É nesta direção que se encontra o *bom-senso*.

Referências

AGUIAR, M.J.B. et al. Defeitos do fechamento do tubo neural e fatores associados em recém-nascidos vivos e natimortos. *Jornal de Pediatria*, 79(2): 129-134, 2003.

AGUIRRE, R. Reino de Deus e compromisso ético. In: VIDAL, M. *Ética teológica*: conceitos fundamentais. Petrópolis: Vozes, 1999.

BACCARO, A. *O segredo da longevidade* – Como rejuvenescer e manter-se em forma. Petrópolis: Vozes, 2003.

BELLINO, F. *Dicionário de bioética*. Aparecida: Santuário/Perpétuo Socorro, 2001.

BÉNICHOU, G. *Le Chiffre de la Vie*. Paris: Seuil, 2002.

BERLINGUER, G. *Medicina e política*. São Paulo: Hucitec, 1978.

BERNARD, J. *Da biologia à ética* – Bioética: novos poderes da ciência, novos deveres do homem. Campinas: Editorial Psy, 1994.

BOFF, C. *Teoria do método teológico*. 2. ed. Petrópolis: Vozes, 1999.

BONHÖFFER, D. *Ética*. Barcelona: Estela, 1968, p. 115-120.

CAMPBELL, C.S. Religion and moral meaning in bioethics. *Hastings Center Report*, 20 (special supplement, 4), 1990.

CASINI, C. Interrupción médica del embarazo. *Lexicón*. Madri: Palabra, 2004, p. 643-651.

CATALA, M. *Embriologia* – Desenvolvimento humano inicial. Rio de Janeiro: Guanabara Koogan, 2003, cap. XI.

Catecismo da Igreja Católica. 2004, 2366s.

CHILL, L.S. Can theology have a role in public bioethical discourse? *Hastings Center Report*, 20 (special supplement, 4), 1990.

CONGREGAÇÃO PARA A DOUTRINA DA FÉ. Declaracão *Iura et bona* sobre a eutanásia, 1980.

COSTA, S.I.F. Anencefalia e transplante. *Rev. Assoc. Med. Bras.* 50(1): 10, 2004.

COUTO, E.S. Corpos modificados – O saudável e o doente na cibercultura. In: LOURO, G.L.; NECKEL, J.F. & GOELLNER, S.V. *Corpo, gênero e sexualidade* – Um debate contemporâneo na educação. Petrópolis: Vozes, 2003.

DE BAKKER FILHO, J.P. *É permitido colher flores?* Reflexões sobre o envelhecer. Curitiba: Champagnat, 2000.

DE BONI, L.A. et al. *Ética e genética*. Porto Alegre: Edipucrs, 1998.

DECRETO UNITATIS REDINTEGRATIO SOBRE O ECUMENISMO. In: COMPÊNDIO DO CONCÍLIO VATICANO II. *Constituições, decretos, declarações*. Petrópolis: Vozes, 1979.

DENIZ, D. Aborto e inviabilidade fetal: o debate brasileiro. *Cad. Saúde Pública*, Rio de Janeiro, 21(2): 634-639, mar.-abr./2005.

DOS ANJOS, M.F. Bioética a partir do Terceiro Mundo. In: *Temas latino-americanos de ética* – Teologia Moral III. Aparecida: Santuário/Alfonsianum, 1988, p. 211 [Coord. M.F. dos Anjos].

_____. Poder, ética e os pobres na pesquisa genética. *Concilium*, 275, p. 93s. Petrópolis: Vozes.

ECO, U. & MARTINI, C.M. *Em que creem os que não creem?* Rio de Janeiro: Record, 1999.

ELIZARI, F.J. & VIDAL, M. Bioética. In: *Nuevo Diccionario de Teología Moral*. Madri: Paulinas, 1992, p. 164-177.

ENGELHARDT Jr., H.T. *Fundamentos da bioética cristã ortodoxa*. São Paulo: Loyola, 2003.

_____. *Fundamentos da bioética*. São Paulo: Loyola, 1998.

_____. *Bioethics and secular humanism*: the search for a common morality. Philadelphia: Trinity Press International, 1991.

_____. Looking for God and finding the abyss: bioethics and natural theology. In: SHELP, E.E. (ed.). *Theology and bioethics*: exploring the foundations and frontiers. Dordrecht: D. Reidel Publishing Company, 1985.

FERNANDES, J. de S. Elementos para uma teoria crítica da bioética. In: *Cadernos de bioética*, vol. I, 1992, p. 63-89.

FOIZER, R. *Gênese e desdobramentos da política dos Estados Unidos da América de combate às drogas*. Departamento de Ciência Política e Relações Internacionais. Brasília: Universidade de Brasília, 1994 [Tese de mestrado].

FOX-KELLER, E. *Le Rôle des métaphors dans le progrès de la biologie*. Paris, 1999.

FUKUYAMA, F. *Nosso futuro pós-humano*: Consequências da revolução da biotecnologia. Rio de Janeiro: Rocco, 2003.

GAFO, J. *Bioética teológica*. Madri: Desclée de Brouwer, 2003.

GOTTLIEB; BORIN & KOPLEN. *Biodiversidade*. Rio de Janeiro: EDUFRJ, 1996.

GRACIA, D. *Procedimientos de decisión en ética clínica*. Madri: Eudema, 1991.

_____. *Fundamentos de bioética*. Madri: Eudema, 1989.

HÄRING, B. *Medicina e manipulação* – O problema moral da manipulação clínica, comportamental e genética. São Paulo: Paulinas, 1977.

ILICH, I. *Nêmesis da medicina*. – A expropriação da saúde. Rio de Janeiro: Nova Fronteira, 1971.

JOÃO PAULO II. *Carta aos anciãos*. São Paulo: Paulinas, 1999.

_____. *Carta apostólica Fides et Ratio*. São Paulo: Loyola, 1998.

_____. *Evangelium vitae* – Carta encíclica sobre o valor e a inviolabilidade da vida humana. São Paulo: Paulinas, 1995.

_____. Mensagem ao Pe. George V. Coyne, diretor do Observatório Vaticano por ocasião do terceiro centenário da publicação de Philosophia Naturalis Principia Matematica de Newton. In: *Physics, Phylosophy and Theology*: a common quest for understanding Russel Stoeger-Coyne. 1988, M1-M14; 1990, M1-M14.

_____. *Oração dos idosos*. São Paulo: Paulinas, 1985;

JONAS, H. *Técnica, medicina y ética*. Barcelona: Paidós, 1997.

JUNGES, J.R. *Bioética* – Perspectivas e desafios. São Leopoldo: Unisinos, 1999.

KELLER, E.F. *O século do gene*. Belo Horizonte: Crisálida, 2002.

KREUZER, H. & MASSEY, A. *Engenharia genética e biotecnologia*. 2. ed. Porto Alegre: Artmed, 2002, p. 17-46.

LAFONTAINE, C. *L'Empire cybernétique* – Des machines à penser à la pensée machine. Paris: Seuil, 2004.

LANDMANN, J. *A ética médica sem máscara*. Rio de Janeiro: Guanabara, 1985.

LAPENTA, V.H.S. *A comunidade e o idoso*: uma pastoral para a terceira idade. Aparecida: Santuário, 1996.

LEVEQUE, C. & MERMELSTEIN, V. *A biodiversidade*. Bauru: Edusc, 1999.

LINS DE BARROS, M. (org.). *Velhice ou terceira idade?* Rio de Janeiro: Fundação Getúlio Vargas, 1998.

MADDOX, J. *O que falta descobrir*. Rio de Janeiro: Campus, 1999.

MANDON, D. Perspectiva antropológica da droga. In: BERGERET, J. & LEBLANC, J. (org.). *Toxicomanias* – Uma visão multidisciplinar. Porto Alegre: Artes Médicas, 1991, p. 230-242.

MARCONDES, B. & HELENE, M.E.M. *Evolução e biodiversidade*. São Paulo: Scipione, 1996.

MELO, J.M. de. *Teoria da comunicação*: paradigmas latino-americanos. Petrópolis: Vozes, 1998.

MENCK, C.F.M. & SLUYS, A.V. Fundamentos de biologia molecular. *Genômica*. São Paulo/Rio de Janeiro/Ribeirão Preto/Belo Horizonte: Atheneu, 2004, p, 3-21 [org. Luís Mir].

MIETH, D. *A ditadura dos genes* – A biotecnologia entre a viabilidade técnica e a dignidade humana. Petrópolis: Vozes, 2001 [Trad. Carlos A. Pereira].

MIRANDA, E.E. de. *Descobrimento da biodiversidade*. São Paulo: Loyola, 2004.

MONTES, A.G. *Fundamentación de la fé*. Salamanca: Ediciones Secretariado Trinitario, 1994.

MOSER, A. "Corpo e sexualidade: do biológico ao virtual". In: SOTER. *Corporeidade e Teologia*. São Paulo: Paulinas, 2005, p, 142-176.

_____. *Biotecnologia e bioética*: Para onde vamos? Petrópolis: Vozes, 2004.

MURAD, J.E.L. ABRAÇO – Associação Brasileira Comunitária para prevenção do abuso de drogas. Belo Horizonte, 1997.

NANCE, B.N. Doenças genéticas: gênicas, cromossômicas, complexas. *Genômica*. São Paulo/Rio de Janeiro/Ribeirão Preto/Belo Horizonte: Atheneu, p. 209-226.

NASCIMENTO, J.R. *Anos dourados... anos sonhados*. 3. ed. Petrópolis: Vozes, 2001 [org. Luís Mir].

_____. *Aprenda a curtir seus anos dourados*. 5. ed. Petrópolis: Vozes, 2000.

NOVAES, A. (org.). *O homem-máquina* – A ciência manipula o corpo. São Paulo: Companhia das Letras, 2003.

OLIVEIRA, F. *Engenharia genética* – O sétimo dia da criação. 3. ed. São Paulo: Moderna, 1995.

OLIVEIRA, R.C.S. *Terceira idade*: do repensar dos limites aos sonhos possíveis. São Paulo: Paulinas, 1999.

OLZANO, F.M. Para onde caminha a humanidade? *Genômica*. São Paulo/Rio de Janeiro/Ribeirão Preto/Belo Horizonte: Atheneu, 2004, XIII-XVIII [org. Luís Mir].

PAIVA, G.J. de. *A religião dos cientistas*. São Paulo: Loyola, 2001.

PEREIRA, L.V. *Sequenciaram o genoma humano... e agora?* São Paulo: Moderna, 2001.

PESSINI, L. & BARCHIFONTAINE, C. de P. de. *Problemas atuais de bioética.* São Paulo: Loyola/São Camilo, 1997.

PROCÓPIO, A. *O Brasil no mundo das drogas.* 2. ed. Petrópolis: Vozes 1999.

RIFKIN, J. *O século da biotecnologia.* São Paulo: Makron Books, 1999.

RODRÍGUEZ, G.H. Consejo genético neutro. *Lexicón.* Madri: Palabra, 2004, p. 115-124.

RUSSELL, B. & COPLESTONE, F.C. *Debate sobre la existencia de Dios.* Valência: Departamento de Lógica de la Universidad de Valencia, 1978 [Quadernos Teorema].

SERRA, A. Dignidad del embrión. *Lexicón.* Madri: Palabra, 2004, p. 279-285.

_____. Selección y reducción embrionarias. *Lexicón.* Madri: Palabra, 2004, p. 1.033-1.039.

SGRECCIA, E. Biotecnología: Estado y fundamentalismos. *Lexicón.* Madri: Palabra, p. 67-79.

SILVER, B.S. *A escalada da ciência.* Florianópolis: UFSC, 2004, p. 379-434.

SOARES, A.M.M. Bioética y transcendência – La perspetiva cristiana en el mundo secular. *Vida y Ética* – Publicación del Instituto de Bioética de la Pontificia Universidad Católica Argentina. Buenos Aires, ano 10, n. 1, p. 147-163, 2009.

_____. Os reflexos da axiologia moderna no debate da ética contemporânea. *Revista Camiliana da Saúde,* Rio de Janeiro, ano 1, vol. 1, n. 2, 2002.

SOARES, A.M.M. & PIÑEIRO, W.E. *Bioética e biodireito:* uma introdução. São Paulo: Loyola/São Camilo, 2002.

TILLICH, P. *Systematic theology.* Vol. I. Chicago: The University of Chicago Press, 1951.

TOGNOLLI, C.L. *A falácia genética* – A ideologia do DNA na imprensa. São Paulo: Escrituras, 2003.

TOMÁS DE AQUINO. *Suma Teológica*. Vol. 11. São Paulo: Loyola, 2001-2006.

VERDES, L.A. Moral do indicativo em Paulo. In: VIDAL, M. *Ética teológica*: conceitos fundamentais. Petrópolis: Vozes, 1999.

VIDAL, M. *Ética teológica*: conceitos fundamentais. Petrópolis: Vozes, 1999.

_____. *Moral de atitudes II*. Aparecida: Santuário, 1981, p. 314s.

VV.AA. *Bioética*. São Paulo: Konrad Adenauer Stiftung, 2002.

WATSON, J. DNA – *O segredo da vida*. São Paulo: Cia. das Letras, 2005.

WERBICK, J, Prolegômenos. In: SCHNEIDER, T. (org.). *Manual de dogmática*. Vol. I. Petrópolis: Vozes, 2002.

WIEGERLING, K. O corpo supérfluo – Utopias das tecnologias de informação e comunicação. *Concilium*, 295, p. 19-30. Petrópolis: Vozes, 2002.

WILKS, J. Contracepción preimplantatoria y de emergencia. *Lexicón*. Madri: Palabra, p. 153-169.

WILMUT, I. & CAMPBELL, K. *Dolly, a segunda criação*. Rio de Janeiro: Objetiva, 2000, p. 291-316.

WILSON, E.O. *Biodiversidade*. São Paulo: Nova Fronteira, 2001.

ZALUAR, A. *Cidadãos não vão ao paraíso*: juventude e política social. São Paulo: Escuta, 1994.

COLEÇÃO INICIAÇÃO À TEOLOGIA
Coordenadores: Welder Lancieri Marchini e Francisco Morás

– *Teologia Moral: questões vitais*
Antônio Moser

– *Liturgia*
Frei Alberto Beckhäuser

– *Mariologia*
Clodovis Boff

– *Bioética: do consenso ao bom-senso*
Antônio Moser e André Marcelo M. Soares

– *Mariologia – Interpelações para a vida e para a fé*
Lina Boff

– *Antropologia teológica – Salvação cristã: salvos de quê e para quê?*
Alfonso García Rubio